The Key Points of Environmental Protection and
Ecological Assessment of Highway

# 公路工程环境保护要点
# 与生态评价

■ 主　编　范庭兴　孙家振　伍小刚
■ 副主编　马明霞　朱　攀

四川大学出版社
SICHUAN UNIVERSITY PRESS

项目策划：蒋　玙　肖忠琴
责任编辑：肖忠琴
责任校对：蒋　玙
封面设计：墨创文化
责任印制：王　炜

## 图书在版编目（CIP）数据

公路工程环境保护要点与生态评价 / 范庭兴，孙家
振，伍小刚主编．— 成都：四川大学出版社，2021.10
ISBN 978-7-5690-5054-7

Ⅰ．①公… Ⅱ．①范… ②孙… ③伍… Ⅲ．①道路工
程－环境保护－研究－中国 Ⅳ．① X322.2

中国版本图书馆 CIP 数据核字（2021）第 202872 号

### 书名　公路工程环境保护要点与生态评价
GONGLU GONGCHENG HUANJING BAOHU YAODIAN YU SHENGTAI PINGJIA

| | |
|---|---|
| 主　　编 | 范庭兴　孙家振　伍小刚 |
| 出　　版 | 四川大学出版社 |
| 地　　址 | 成都市一环路南一段 24 号（610065） |
| 发　　行 | 四川大学出版社 |
| 书　　号 | ISBN 978-7-5690-5054-7 |
| 印前制作 | 四川胜翔数码印务设计有限公司 |
| 印　　刷 | 成都金龙印务有限责任公司 |
| 成品尺寸 | 170mm×240mm |
| 印　　张 | 12 |
| 字　　数 | 225 千字 |
| 版　　次 | 2021 年 12 月第 1 版 |
| 印　　次 | 2021 年 12 月第 1 次印刷 |
| 定　　价 | 67.00 元 |

◆ 读者邮购本书，请与本社发行科联系。
电话：(028)85408408/(028)85401670/
(028)86408023 邮政编码：610065
◆ 本社图书如有印装质量问题，请寄回出版社调换。
◆ 网址：http://press.scu.edu.cn

四川大学出版社
微信公众号

# 序

　　公路工程建设项目环境保护涉及公路工程各个阶段（如立项、勘察设计、施工、运营等），涉及决策部门、规划单位、设计单位、建设单位、咨询单位、施工单位、监理单位、监管部门等，各阶段的各参与者均与生态环境保护息息相关。公路工程属生态影响型线性建设项目，由于各阶段部分参与者的生态环保意识不强、经济技术条件受限等，较多公路工程建设项目在规划、选线、设计、施工、运营等不同阶段会造成较明显的生态影响。

　　由四川省交通勘察设计院有限公司、中国科学院成都生物研究所等单位环境保护专业技术人员编写的《公路工程环境保护要点与生态评价》一书，较客观、全面地阐述了公路工程各阶段的环境保护要点，并根据环境保护法律法规、环境影响评价技术导则等有关要求，结合四川省典型公路工程建设项目生态评价案例、ArcGIS技术方法，对公路工程生态评价、主要生态影响及保护措施等生态评价重点进行归纳、分析、总结。该书写作规范、逻辑清晰、文字表述简明扼要，编著内容较全面、翔实，案例分析具有一定的针对性、代表性，对提高公路工程各阶段参与者的生态环境保护意识、提高生态评价从业者技术水平均具有积极作用。该书可为公路工程环评技术人员、相关管理部门提供经验和技术参考，是一部具有应用价值的参考书，对推动公路建设项目环境影响评价工作和生态保护工作的开展具有重要意义。

西南交通大学地球科学与环境工程学院　　　中国科学院山地生态恢复与生物资源利
教授：　　　　　　　　　　　　　　　　　用重点实验室研究员：

2021年5月　　　　　　　　　　　　　　　2021年5月

# 前　言

环境保护涉及公路工程各个阶段，在全方位、全地域、全过程开展生态文明建设的新时代，实行最严格的生态环境保护制度，全面推进绿色公路建设，公路工程的环境保护更应注重从末端治理转向源头预防、从局部治理转向全过程控制。

公路工程是生态影响类、线性基础设施建设项目，污染物排放较少，显著低于污染影响类建设项目。公路工程对环境的影响主要表现为土地占用造成的植被破坏，以及对野生动物的生境占用和阻隔，从而造成生境损失和破碎化、廊道效应、生态干扰等不良影响，进而破坏生态系统的平衡，其影响往往具有累积性、长期性。

目前，在公路工程建设过程中，因重经济轻环保和环境监管疏忽，存在盲目放大建设的必要性、追求路线技术指标、缩短工期进度，以及无视或弱化环境影响程度、擅自简化环保措施和要求等问题，进而使得公路建设的环境保护问题已经上升到一个非常重要的层面。

公路工程建设和运营的环境保护重点是生态保护。为降低公路工程建设对生态环境的不良影响，全面推进绿色公路建设，四川省交通勘察设计研究院有限公司（四川交通设计院）公路工程环境保护技术人员（范庭兴、孙家振、马明霞）、中国科学院成都生物研究所生物多样性保护工作者（伍小刚）、四川天府新区生态环境和城市管理局环境保护技术人员（朱攀）等根据生态学、环境科学、环境工程、生物学、植物学专业基础，结合自身的公路工程从业经验，将公路工程建设程序划分为路网规划阶段、立项阶段、勘察设计阶段、开工准备阶段、施工阶段、运营阶段等六个阶段，并提出各阶段环境保护要点；根据环境保护法律法规、环境影响评价技术导则等有关要求，结合典型案例分析、ArcGIS 技术方法，对公路工程生态评价、主要生态影响及保护措施等生态评价重点进行归纳、分析、总结，与行业工作者进行技术研讨和交流。希望通过技术研讨和交流，公路工程环境保护相关工作者对公路工程环境保护、生态评价能有新的理解，从而为公路工程环境保护尽绵薄之力。

为提高本书编著质量，在本书编写过程中征求了张建强教授（西南交通大学地球科学与环境工程学院）、刘庆研究员（中国科学院山地生态恢复与生物资源利用重点实验室）等专家的意见，他们对本书内容提出了重要的修改意见和建议，在此一并表示深深的谢意。

由于公路工程和生态评价技术覆盖面广、学科专业要求高，加上作者水平有限，书中可能存在一些谬误，敬请读者批评指正。

范庭兴

2021 年 6 月

# 目　录

# 第一章　公路工程简述

## 第一节　公路的分级和基本组成

### 一、公路的分级

#### （一）按公路等级

根据《公路工程技术标准》（JTG B01—2014），公路按功能和适应的交通量分为五个等级：高速公路、一级公路、二级公路、三级公路和四级公路。公路的分级见表1.1.1。

表 1.1.1　公路的分级

| 公路等级 | 车道数 | 适应的交通量（辆） | 功能 | 使用年限 |
|---|---|---|---|---|
| 高速公路 | 4 | 25 000～55 000 | 专供汽车分向、分车道行驶并应全部控制出入的多车道公路 | 20 |
| | 6 | 45 000～80 000 | | |
| | 8 | 60 000～100 000 | | |
| 一级公路 | 4 | 15 000～30 000 | 供汽车分向、分车道行驶并可根据需要控制出入的多车道公路 | 20 |
| | 6 | 25 000～55 000 | | |
| 二级公路 | 2 | 5 000～15 000 | 供汽车行驶的双车道公路 | 15 |
| 三级公路 | 2 | 2 000～6 000 | 主要供汽车行驶的双车道公路 | 10 |
| 四级公路 | 1 | <2 000 | 供汽车行驶的双车道或单车道公路 | 10 |
| | 2 | <400 | | |

注：交通量为将各种汽车折合成小客车的年平均日交通量。

## （二）按行政等级

公路按行政等级可分为：国家公路、省公路、县公路和乡公路（简称为国、省、县、乡道），以及专用公路五个等级。一般把国道和省道称为干线，县道和乡道称为支线。

国道是指具有全国性政治、经济意义的主要干线公路，包括重要的国际公路，国防公路，连接首都与各省、自治区、直辖市首府的公路，连接各大经济中心、港站枢纽、商品生产基地和战略要地的公路。国道中跨省的高速公路由交通部批准的专门机构负责修建、养护和管理。

省道是指具有全省（自治区、直辖市）政治、经济意义，并由省（自治区、直辖市）公路主管部门负责修建、养护和管理的公路干线。

县道是指具有全县（县级市）政治、经济意义，连接县城和县内主要乡（镇）、主要商品生产和集散地的公路，以及不属于国道、省道的县际间公路。县道由县、市公路主管部门负责修建、养护和管理。

乡道是指主要为乡（镇）村经济、文化、行政服务的公路，以及不属于县道以上公路的乡与乡之间及乡与外部联络的公路。乡道由乡（镇）人民政府负责修建、养护和管理。

专用公路是指专供或主要供厂矿、林区、农场、油田、旅游区、军事要地等与外部联系的公路。专用公路由专用单位负责修建、养护和管理。也可委托当地公路部门修建、养护和管理。

## （三）等外公路

等外公路又称简易公路，指达不到最低功能型等级公路标准的公路，即路面级别在四级公路之下，在郊区农村道路中较常见。等外公路是所有合格规范、标准成型等级公路的前身，属于最简单粗糙的公路类型。等外公路主要出现于地势险要、经济落后和人迹罕见的地区。在东部及沿海地区，等外公路主要集中在偏远郊区的乡道、村道或街道；在中西部地区，等外公路还经常集中在穿越山川河谷的国道、省道或县道。等外公路产生的原因主要有三个：一是在等级公路的施工期间新开辟的路基通道或另开辟的临时便道；二是受限于当地自然环境或财政压力但又有强烈交通需求而暂时铺设的碎石路面；三是原有的等级公路因人口大量迁出、交通流量减少、超载现象严重、养路资金紧缺或突发地质灾害等在长期的自然条件侵蚀下造成路面大面积损毁，沦陷成泥沙路面，多发生在荒废公路。

随着我国交通基础建设的全力推进，等外公路在通往各个大小行政区的干线公路和支线公路中的比例将大幅度减少，农村地区、中西部地区的道路环境将日益完善。

农村公路主要供机动车辆行驶并达到一定的技术标准。县道一般采用三、四级公路标准，乡道采用四级公路或等外公路标准。按照《中华人民共和国公路法》的要求，新建公路应当符合部颁标准要求，原不符合最低技术等级要求的等外公路应当采取措施，逐步改造为符合技术等级要求的公路。鉴于一些贫困山区中连接乡（镇）与行政村、行政村与行政村之间的乡村公路交通量小，且路上行驶车辆也多为拖拉机、农用车等体积、载重相对较小的机动车，对这些公路的路面宽度、路线纵坡、曲线半径适当放宽要求，暂时采用等外公路也是可行的。

相比四级公路，等外公路路口差、路面质量低，不能长时间以正常速度平稳行车，也没有规范、最低要求的道路设施（如合格护栏、中央黄线等），甚至连限速标识都没有。

作为一种公路，等外公路连接了乡级及以上级别的行政区，是国家或地方路网的组成部分，属于区域性的公共交通设施，需至少配备相应的指示路牌，这是它与非公路或其他乡间小道、城市巷道的根本差异。

## 二、公路的基本组成

公路主要承受行车荷载的反复作用，并经受各种自然因素的长期影响和破坏。因此，公路不仅要有平顺的线形、合适的纵坡，而且还要有坚实稳固的路基，平整、防滑、耐磨的路面，牢固耐用的桥涵和其他人工构造物及不可缺少的附属工程设施，以满足交通的要求。

公路由线形和结构两大部分组成。

### （一）线形组成

公路是一种线形带状的三维空间体，其中心线为一条空间曲线，这条中心线在水平面上的投影简称为公路路线的平面；沿着中心线竖直剖切公路，再把这条竖直曲面展开成直面，即为公路路线的纵断面；中心线上任意一点处公路的法向剖面称为公路路线在该点的横断面。

公路线形在平面上由直线和曲线（圆曲线、缓和曲线）组成，在纵面上由坡道线和竖曲线组成。可见，公路路线在平面和纵面上均由直线和曲线构成。

（二）结构组成

公路的结构组成主要包括路基、路面、桥涵、隧道、排水系统、防护工程和交通工程及沿线设施等。

1. **路基**

公路路基是在天然地面上填筑成路堤（填方地段）或挖成路堑（挖方地段）的带状结构物，主要承受路面传递的行车荷载，是支撑路面的基础。设计时必须保证路基具有足够的强度、变形小和足够的稳定性，并防止水分及其他自然因素对路基本身的侵蚀和损害。

2. **路面**

公路路面是用各种材料或混合料，分单层或多层铺筑在路基顶面供车辆行驶的层状结构物。设计时必须保证路面具有足够的强度、刚度、平整度和粗糙度，以满足车辆在其表面能安全、迅速、舒适地行驶。

3. **桥涵**

桥梁是公路跨越河流、山谷或人工构造物而修建的建筑物，涵洞是为了排泄地面水流或满足农业需要而设置的横穿路基的小型排水构造物。当桥涵的单孔跨径大于或等于 5 m、多孔跨径总长大于或等于 8 m 时称为桥梁，反之则称为涵洞。

4. **隧道**

隧道是公路根据设计需要为穿越山岭、地下或水底而建造的构造物。

5. **排水系统**

公路排水系统是为了排除地面水和地下水而设置的，由各种拦截、汇集、疏导及排放等排水设施组成的构造物。除桥梁、涵洞外，排水系统主要有路基边沟、截水沟、排水沟、暗沟、渗沟、渗井、跌水与急流槽、倒虹吸管、渡槽及蒸发池等。

6. **防护工程**

防护工程是为了加固路基边坡，确保路基稳定而修建的结构物，按其作用不同可分为坡面防护、冲刷防护及支挡结构物等三大类。

7. **交通工程及沿线设施**

交通工程及沿线设施的建设规模与标准应根据公路网规划，公路的功能、等级、交通量等确定，应按照"保障安全、提供服务、利于管理"的原则进行设计。

交通工程及沿线设施包括交通安全设施、服务设施和管理设施三种。

交通安全设施，主要包括人行地下通道、人行天桥、标志、标线、交通信号灯、护栏、防护网、反光标志等。

服务设施，主要包括服务区、停车区和公共汽车停靠站等。

管理设施，主要包括监控、收费、通信、配电、照明和管理养护等。

# 第二节 公路工程建设基本程序

根据《公路建设监督管理办法》（中华人民共和国交通部令 2006 年第 6 号）：

**第八条** 公路建设应当按照国家规定的建设程序和有关规定进行。

政府投资公路建设项目实行审批制，企业投资公路建设项目实行核准制。县级以上人民政府交通主管部门应当按职责权限审批或核准公路建设项目，不得越权审批、核准项目或擅自简化建设程序。

**第九条** 政府投资公路建设项目的实施，应当按照下列程序进行：

（一）根据规划，编制项目建议书；

（二）根据批准的项目建议书，进行工程可行性研究，编制可行性研究报告；

（三）根据批准的可行性研究报告，编制初步设计文件；

（四）根据批准的初步设计文件，编制施工图设计文件；

（五）根据批准的施工图设计文件，组织项目招标；

（六）根据国家有关规定，进行征地拆迁等施工前准备工作，并向交通主管部门申报施工许可；

（七）根据批准的项目施工许可，组织项目实施；

（八）项目完工后，编制竣工图表、工程决算和竣工财务决算，办理项目交、竣工验收和财产移交手续；

（九）竣工验收合格后，组织项目后评价。

国务院对政府投资公路建设项目建设程序另有简化规定的，依照其规定执行。

**第十条** 企业投资公路建设项目的实施，应当按照下列程序进行：

（一）根据规划，编制工程可行性研究报告；

（二）组织投资人招标工作，依法确定投资人；

（三）投资人编制项目申请报告，按规定报项目审批部门核准；

（四）根据核准的项目申请报告，编制初步设计文件，其中涉及公共利益、公众安全、工程建设强制性标准的内容应当按项目隶属关系报交通主管部门审查；

（五）根据初步设计文件编制施工图设计文件；

（六）根据批准的施工图设计文件组织项目招标；

（七）根据国家有关规定，进行征地拆迁等施工前准备工作，并向交通主管部门申报施工许可；

（八）根据批准的项目施工许可，组织项目实施；

（九）项目完工后，编制竣工图表、工程决算和竣工财务决算，办理项目交、竣工验收；

（十）竣工验收合格后，组织项目后评价。

根据项目管理编制项目建议书、工程可行性研究属立项阶段；编制初步设计文件和施工图设计文件属勘察设计阶段；根据批准的项目施工许可，组织项目实施属施工阶段；竣工验收后评价在施工结束后、正式运营前开展，为试运营阶段，属运营阶段。因此，公路工程建设程序可概括为六个阶段：路网规划阶段、立项阶段、勘察设计阶段、开工准备阶段、施工阶段、运营阶段。

# 第二章　公路工程各阶段环境保护要点

本章主要简述公路工程各阶段与环境保护有关的主要工作内容，并分析各阶段环境保护要点。

## 第一节　公路网规划阶段

### 一、公路网规划主要工作内容

公路网规划主要明确拟规划建设的公路工程的建设必要性，提出项目路线的宏观起点、终点和走向，一般以行政区为单元，如起于某县，经某县，止于某县；或起于某乡，经某乡，止于某乡。

根据《关于印发公路网规划编制办法的通知》（交规划发〔2010〕112号）：

第三条　公路网规划是公路建设前期工作的重要环节，是公路合理布局、协调发展的重要手段，是编制公路建设五年规划的依据，是确定公路建设项目的基础。公路网规划期限一般为10~20年。

第五条　公路网规划的主要内容包括：评价公路网现状，研究未来经济社会和交通发展需求，明确公路发展目标，确定路网规模、布局和技术标准，提出公路网建设总体安排以及保障规划实施的政策与措施。

第六条　公路网规划按公路行政等级划分，可分为国道规划、省道规划、县道规划、乡道规划，以及专用公路规划；按区域范围划分，可分为各级行政区域的公路网规划和特定区域的公路网规划。

## 二、公路网规划环境保护要点

该阶段针对每个纳入公路网规划的公路工程建设项目，在规划环评中需调查规划区环境现状，明确各公路工程建设项目的环境保护目标、外环境关系，对其后期建设实施可能产生的环境影响进行预测分析，并提出避免和减缓不良影响的对策和措施。根据《中华人民共和国环境影响评价法》，规划的编制机关需根据环境影响报告书结论和审查意见对公路网规划草案进行修改完善，并对环境影响报告书结论和审查意见的采纳情况作出说明。同时，公路网规划环境影响报告书结论和审查意见也是路网规划的审批及后期各公路工程建设项目环境影响评价的重要依据。

因此，在公路网规划阶段环境保护要点为各公路工程建设项目环境保护目标、外环境关系等调查成果的真实性、全面性，其直接关系项目建设的可行性。若某区域的环境敏感性强，生物多样性丰富，是多种珍稀濒危野生保护动物栖息地，已大面积连片划定为自然保护区核心区和缓冲区，而公路网规划拟在该区域两侧建设某公路工程会对其直接穿越，从而将占用大量自然保护区核心区和缓冲区土地、破坏大量珍稀濒危野生保护植物、占用多种珍稀濒危野生保护动物栖息地、对多种珍稀濒危野生保护动物造成生境阻隔，产生重大环境问题，这显然是以牺牲环境为代价换取社会经济发展，有违法规要求，无论其建设的必要性多强，都是不可行的，不得纳入公路网规划。

# 第二节 立项阶段

## 一、立项阶段主要工作内容

立项阶段包括项目建议书阶段、可行性研究阶段。

项目建议书阶段需根据各项规划、政策、资源、社会经济等，向中华人民共和国国家发展和改革委员会（以下简称发改委）项目管理部门提出项目建设和开展可行性研究的建议书。作为《中华人民共和国国民经济和社会发展第十三个五年规划纲要》25个专栏明确的165项重大工程项目中"专栏10——交通建设重点工程"内的项目，公路工程大多可省略项目建议书阶段，直接开展工程可行性研究工作。

可行性研究阶段按其工作阶段又分为预可行性研究和工程可行性研究两个阶段。可行性研究是建设项目立项、决策的重要依据。在可行性研究阶段需全面论证公路工程的建设必要性、方案合理性、技术经济可行性，一般基于1∶10000地形图确定项目路线具体起点、终点和控制点，提出和控制工程技术标准、工程内容、工程规模、投资规模、工期安排、实施方案等。

根据发改委印发《关于加快推进国家"十三五"规划〈纲要〉重大工程项目实施工作的意见》的通知（发改规划〔2016〕1641号）：

（六）加快审批核准进度。规划内项目原则上不再审批项目建议书，直接审批可行性研究报告。对正在审批核准的项目，各地区、各部门要最大限度简化审批程序，加紧清理各种不规范的审批"要件"，持续优化流程设计，推行网上并联审批，探索建立多评合一、统一评审的新模式，大幅缩减审批时间。

根据《关于印发公路建设项目可行性研究报告编制办法的通知》（交规划发〔2010〕178号）：

**第四条**　公路建设项目可行性研究，按其工作阶段分为预可行性研究和工程可行性研究。编制预可行性研究报告，应以项目所在地区域经济社会发展规划、交通发展规划和其他相关规划为依据；编制工程可行性研究报告，原则上以批准的项目建议书为依据。

**第五条**　公路建设项目预可行性研究，要求通过实地踏勘和调查，重点研究项目肆建的必要性和建设时机，初步确定建设项目的通道或走廊带，并对项目的建设规模、技术标准、建设资金、经济效益等进行必要的分析论证，编制研究报告，作为项目建议书的依据。公路建设项目工程可行性研究，要求进行充分的调查研究，通过必要的测量和地质勘察，对可能的建设方案从技术、经济、安全、环境等方面进行综合比选论证，研究确定项目起、终点，提出推荐方案，明确建设规模，确定技术标准，估算项目投资，分析投资效益，编制研究报告。工程可行性研究报告一经批准，即为初步设计应遵循的依据。

## 二、立项阶段环境保护要点

根据 2016 年 7 月 2 日中华人民共和国第十二届全国人民代表大会常务委员会第二十一次会议对《中华人民共和国环境影响评价法》所作的修改，自 2016 年 9 月 1 日起，环评审批不再作为可行性研究报告审批的前置条件。作为重大基础设施，为避免产生重大不良环境影响，公路工程建设项目仍保持环评早期介入的原则。在该阶段，环保专业技术人员提前介入最为关键，其可对项目区开展更详细的针对性调查，及时发现公路网规划阶段未发现的环境问题或因时间变化产生的新环境问题，为确定合理可行的路线方案提供专业技术保障，有效避免和减缓公路工程建设对环境的重大不良影响，并减少公路工程前期的时间、经济、人力等成本投入，从而提高公路工程前期工作效率。

以四川省乐山至西昌高速公路为例，在公路网规划阶段，该项目提出穿越美姑大风顶国家级自然保护区的路线方案作为推荐方案。经环评早期介入调查发现，公路网规划阶段提出供项目穿越的美姑大风顶国家级自然保护区实验区廊道狭窄，受地形条件、工程技术指标限制，路线若以此作为推荐方案不可避免将穿越并占用美姑大风顶国家级自然保护区核心区和缓冲区，同时其直接影响区有大熊猫凉山山系种群痕迹点分布，会对大熊猫栖息地造成分割影响，故该方案不符合自然保护区管理要求且将对大熊猫及其栖息地造成较大影响。因此，经多番比选论证，最终选定主要以隧道穿越四川麻咪泽省级自然保护区实验区的路线方案作为项目建设实施的推荐方案，该方案符合各项法规要求，且其直接影响区为无大熊猫痕迹点分布，对大熊猫栖息地的影响更小。该项目经环评早期介入，有效避免和减缓了公路工程建设对大熊猫及其栖息地的不良影响。

# 第三节　勘察设计阶段

## 一、勘察设计阶段主要工作内容

该阶段一般基于大于 1∶2000 地形图，通过详细勘察测定，确定工程路线具体位置。一般采用两阶段设计，即初步设计和施工图设计。初步设计根据批复的可行性研究报告，测设合同和初测、初勘资料编制对可行性研究报告确定的路线方案、工程内容、工程规模进一步进行优化、细化和完善，包括总体设计、路线、路基路面、桥梁、涵洞、隧道、路线交叉、交通工程及沿线设施、环境保护与景观设计、其他工程、筑路材料、施工方案、设计概算、基础资料等内容。施工图设计根据批复的初步设计、测设合同和定测、详勘资料编制，确定了路线具体位置、各项工程具体内容和数量、征地拆迁数量，提出施工组织计划、编制施工图预算等，并提供详细数量表、绘制布置图和设计详图。

在该阶段，基于可行性研究成果编制的环境影响评价文件一般已取得批复，环境影响评价文件及其批复对勘察设计阶段提出了明确的环境保护措施和路线方案优化要求。原则上勘察设计阶段应基于可行性研究确定的推荐方案严格控制路线线位，避免发生重大变动。经勘察设计阶段优化调整后，符合重大变动有关规定的则应重新编制环境影响评价文件并重新报批，经批复后方可开工建设。结合公路工程行业的环境影响特点，中华人民共和国生态环境部（原环境保护部）制定了《高速公路建设项目重大变动清单（试行）》，其他等级公路可参照执行。

同时，在该阶段，基于可行性研究成果编制的水土保持方案一般也已取得批复，水土保持方案及其批复明确了项目的弃土（渣）场等临时工程选址、数量、水土保持要求等。原则上勘察设计阶段应基于可行性研究确定的推荐方案严格控制路线线位，并尽可能将已批复的弃土（渣）场纳入施工弃渣方案，避免发生重大变动。经勘察设计阶段优化调整后，符合重大变动有关规定的则应重新编制水土保持方案并重新报批，经批准后方可开工建设。

根据《公路工程基本建设项目设计文件编制办法》（交公路发〔2007〕358号）：

2.0.1　公路工程基本建设项目一般采用两阶段设计，即初步设计和施工图设计。对于技术简单、方案明确的小型建设项目，可采用一阶段设计，即一阶段施工图设计；技术复杂、基础资料缺乏和不足的建设项目或建设项目中的特大桥、长隧道、大型地质灾害治理等，必要时采用三阶段设计，即初步设计、技术设计和施工图设计。

高速公路、一级公路必须采用两阶段设计。

2.0.2　初步设计应根据批复的可行性研究报告、测设合同和初测、初勘资料编制。

一阶段施工图设计应根据批复的可行性研究报告、测设合同和定测、详勘资料编制。

两阶段设计时，施工图设计应根据批复的初步设计、测设合同和定测、详勘（含补充定测、详勘）资料编制。

三阶段设计时，技术设计应根据批复的初步设计、测设合同和定测、详勘资料编制；施工图设计应根据批复的技术设计、测设合同和补充定测、补充详勘资料编制。

2.0.3　采用一阶段设计的建设项目，编制施工图预算。

采用两阶段设计的建设项目，初步设计编制设计概算；施工图设计编制施工图预算。

采用三阶段设计的建设项目，初步设计编制设计概算；技术设计编制修正概算；施工图设计编制施工图预算。

根据《中华人民共和国环境影响评价法》（2018 年 12 月 29 日修正版）：

**第二十四条**　建设项目的环境影响评价文件经批准后，建设项目的性质、规模、地点、采用的生产工艺或者防治污染、防止生态破坏的措施发生重大变动的，建设单位应当重新报批建设项目的环境影响评价文件。

建设项目的环境影响评价文件自批准之日起超过五年，方决定该项目开工建设的，其环境影响评价文件应当报原审批部门重新审核；原审批部门应当自收到建设项目环境影响评价文件之日起十日内，将审核意见书面通知建设单位。

**第二十五条**　建设项目的环境影响评价文件未依法经审批部门审查或者审查后未予批准的，建设单位不得开工建设。

根据《关于印发环评管理中部分行业建设项目重大变动清单的通知》（环办〔2015〕52 号）附件《高速公路建设项目重大变动清单（试行）》：

规模：

（1）车道数或设计车速增加。

（2）线路长度增加 30% 及以上。

地点：

（3）线路横向位移超出 200 米的长度累计达到原线路长度的 30% 及以上。

（4）工程线路、服务区等附属设施或特大桥、特长隧道等发生变化，导致评价范围内出现新的自然保护区、风景名胜区、饮用水水源保护区等生态敏感区，或导致出现新的城市规划区和建成区。

（5）项目变动导致新增声环境敏感点数量累计达到原敏感点数量的30%及以上。

生产工艺：

（6）项目在自然保护区、风景名胜区、饮用水水源保护区等生态敏感区内的线位走向和长度、服务区等主要工程内容，以及施工方案等发生变化。

环境保护措施：

（7）取消具有野生动物迁徙通道功能和水源涵养功能的桥梁，噪声污染防治措施等主要环境保护措施弱化或降低。"

根据《中华人民共和国水土保持法》（2010年12月25日修订）：

**第二十五条** 水土保持方案经批准后，生产建设项目的地点、规模发生重大变化的，应当补充或者修改水土保持方案并报原审批机关批准。水土保持方案实施过程中，水土保持措施需要作出重大变更的，应当经原审批机关批准。

**第二十六条** 依法应当编制水土保持方案的生产建设项目，生产建设单位未编制水土保持方案或者水土保持方案未经水行政主管部门批准的，生产建设项目不得开工建设。

## 二、勘察设计阶段环境保护要点

本阶段环境保护关键在于建设单位、设计单位是否详细研读环境影响评价文件及其批复，并按其要求落实路线方案优化调整、明确环保工程具体内容和数量等环境保护设计。对勘察设计阶段才开始编制环境影响评价文件的，设计单位则主要基于环评编制单位根据环境现状调查初步成果提出路线方案优化建议、环境保护总体要求来开展路线方案优化调整和环境保护设计，并根据环境影响评价文件编制情况同步调整设计内容。

大多数公路工程对环境的影响主要是在施工期，而施工期环境影响主要是在勘察设计阶段予以避免和控制的。为避免产生重大不良环境影响，公路工程涉及可避让的重要环境保护目标时，环境影响评价文件一般会明确提出调整路线方案进行绕避的要求；涉及不可避让的重要环境保护目标时，会提出补充不可避让论证、方案比选，优化工程形式、工程布局、施工组织的要求（如要求收缩路基边坡或采用隧道、桥梁等形式穿越方式），属水环境保护目标的还要求采用一跨而过的大跨径桥型结构；涉及野生动物多样性丰富地区时，则要求开展动物通道专项设计等。在勘察设计阶段完成路线方案优化调整和环境保护设计，在设计中充分融入环境保护理念，可有效指导施工期各项环保措施的落实。

以四川省德昌至会理高速公路为例，该项目位于凉山彝族自治州德昌县、会理县，主要沿安宁河支流河谷布设，其中在老碾河河谷区域分布有大量国家二级重点保护野生植物红椿，经项目环评介入和协助，勘察设计单位委托专业技术单位详细调查了项目工可方案、初设方案沿线分布的野生红椿植株，提前启动《德昌至会理高速公路工程天然原生珍贵树种保护移栽方案》《德昌至会理高速公路工程使用林地可行性报告》编制和报批工作，在野生红椿分布区，根据野生红椿分布情况，进一步优化调整项目路线方案、增大桥隧比例、收缩路基边坡，合理布置施工场地、优化施工组织，有效控制和减缓了项目施工建设对野生红椿的占用和破坏。

# 第四节　开工准备阶段

## 一、开工准备阶段主要工作内容

开工准备阶段主要工作内容包括建设单位与中标监理单位、施工单位签订合同，施工单位进场进行开工准备；建设单位向有关行业主管部门所属质量监督单位申请监督，并办理施工许可。

## 二、开工准备阶段环境保护要点

在该阶段，勘察设计成果和环境影响评价成果已取得批复，或相关工作已基本完成，各项环境保护要求和环保措施已经明确，是项目开工的准备阶段，也是环保措施落实的准备阶段。因此，本阶段环境保护要点是建设单位、监理单位和施工单位是否熟悉环境影响评价文件，并设立专职岗位开始落实环境保护意识、施工行为准则、项目环保工程体系宣贯等环境保护管理措施，有计划地安排落实各项环境保护措施。其中，监理单位不仅仅是工程监理，更重要的是环境监理，每个工程项目都应配备专业的环境监理技术人员，公路工程项目尤其应配备专业的生态监理技术人员。

在该阶段树立环境保护意识，可有效杜绝捕杀野生动物、引入外来物种、扩大用地范围、滥用烟火等不利环境保护的行为活动，并使建设单位和施工单位明确施工过程环境保护要求及各工区各环节需落实的各项环保措施，使监理单位明确监理内容，从而有计划地开展各项环境保护工作。如此，在开工准备阶段可有效提高环境保护措施的实施效率，从而避免和减缓施工过程对环境的不良影响。

# 第五节 施工阶段

## 一、施工阶段主要工作内容

施工许可批复后，项目按照施工图设计开工建设，质监部门对施工过程进行监督；完工后，建设单位向质监部门申请交工验收前质量检测，经质监部门对工程质量检测合格后，建设单位组织交工验收；交工验收通过后，项目交付运营单位试运营。

根据《中华人民共和国环境影响评价法》（2018 年 12 月 29 日修正版）：

**第二十六条** 建设项目建设过程中，建设单位应当同时实施环境影响报告书、环境影响报告表以及环境影响评价文件审批部门审批意见中提出的环境保护对策措施。

根据《中华人民共和国环境保护法》（2014 年 4 月 24 日修订）：

**第四十一条** 建设项目中防治污染的设施，应当与主体工程同时设计、同时施工、同时投产使用。防治污染的设施应当符合经批准的环境影响评价文件的要求，不得擅自拆除或者闲置。

根据《中华人民共和国水土保持法》（2010 年 12 月 25 日修订）：

　　**第二十七条**　依法应当编制水土保持方案的生产建设项目中的水土保持设施，应当与主体工程同时设计、同时施工、同时投产使用；生产建设项目竣工验收，应当验收水土保持设施；水土保持设施未经验收或者验收不合格的，生产建设项目不得投产使用。

## 二、施工阶段环境保护要点

　　该阶段环境保护的核心在于各项环境保护措施的落实。依据环境影响评价文件及其批复、水土保持方案、施工图设计，建设单位、施工单位应逐一落实各项环境保护措施，监理单位应对各项环境保护措施的落实情况进行监督管理。只有在业主、监理单位、施工单位等各方的共同努力下，才能高质量、有效地将环境影响评价文件及水土保持方案中的环保措施落实到工程建设中，提高环境保护的经济效益及社会效益。

　　各项环境保护对策及措施应再完善，如果只是空谈不予落实，或擅自简化、形同虚设，对环境保护毫无意义。此外，在建设过程中产生不符合经审批的环境影响评价文件情形的，建设单位应组织环境影响的后评价，采取改进措施，并报原环境影响评价文件审批部门和建设项目审批部门备案。因此，除了落实各项环境保护措施，建设单位、施工单位、监理单位还应对各项措施的环境保护效果进行跟踪监测，及时调整低效、无效的措施内容，确保各项环境保护措施的有效性。

　　施工生产、生活废水污染防治措施落实不足是大多数公路工程施工期最为突出的问题。环评文件中对施工废水是否允许排放、排放标准执行情况等均有明确要求，施工图设计一般也作了详细设计，但在施工阶段落实过程中，诸多施工单位未配备施工污水处理设施或简化配备不符合要求的施工污水处理设施，建设单位和监理单位对此也未引起重视，从而在施工过程中施工生产、生活废水随意排放，对周围地表水环境造成明显污染。如四川省广元市利州区的四川路桥国道212南山隧道工程项目施工期间无视生态环境保护要求，违法向外环境排放强碱性生产废水、倾倒混凝土弃渣，致使整个清澈见底、绿树环绕的李家河约2公里河道污染成乳白色的"牛奶河"。这是较常见的侥幸心理，是为节约经济成本、谋求施工便利而污染环境的违法行为。

# 第六节 运营阶段

## 一、运营阶段主要工作内容

运营阶段包括试运营和正式运营。建设单位组织或申报环评、水保等专项验收，申报竣工决算评审或审计，申请竣工验收，竣工验收合格后，项目正式运营。

公路工程建设项目竣工后，建设单位应当如实查验、监测、记载建设项目环境保护设施的建设和调试情况，编制验收监测（调查）报告，并按照《建设项目竣工环境保护验收技术规范生态影响类》编制验收调查报告。并且在建设、运营过程中产生不符合经审批的环境影响评价文件情形的，建设单位也应当组织环境影响的后评价，采取改进措施，并报原环境影响评价文件审批部门和建设项目审批部门备案。

根据《建设项目竣工环境保护验收暂行办法》（国环规环评〔2017〕4号）：

**第五条** 建设项目竣工后，建设单位应当如实查验、监测、记载建设项目环境保护设施的建设和调试情况，编制验收监测（调查）报告。

以排放污染物为主的建设项目，参照《建设项目竣工环境保护验收技术指南 污染影响类》编制验收监测报告；主要对生态造成影响的建设项目，按照《建设项目竣工环境保护验收技术规范 生态影响类》编制验收调查报告；火力发电、石油炼制、水利水电、核与辐射等已发布行业验收技术规范的建设项目，按照该行业验收技术规范编制验收监测报告或者验收调查报告。

根据《开发建设项目水土保持设施验收管理办法》（2015年12月16日修正）：

**第八条** 在开发建设项目土建工程完成后，应当及时开展水土保持设施的验收工作。建设单位应当会同水土保持方案编制单位，依据批复的水土保持方案报告书、设计文件的内容和工程量，对水土保持设施完成情况进行检查，编制水土保持方案实施工作总结报告和水土保持设施竣工验收技术报告（编制提纲见附件）。对于符合本办法第七条所列验收合格条件的，方可向审批该水土保持方案的机关提出水土保持设施验收申请。

根据《中华人民共和国环境影响评价法》（2018年12月29日修正版）：

第二十七条　在项目建设、运行过程中产生不符合经审批的环境影响评价文件的情形的，建设单位应当组织环境影响的后评价，采取改进措施，并报原环境影响评价文件审批部门和建设项目审批部门备案；原环境影响评价文件审批部门也可以责成建设单位进行环境影响的后评价，采取改进措施。

## 二、运营阶段环境保护要点

试运营阶段的环境保护要点是建设单位应积极主动核查环境保护措施落实情况，并按法规要求完成环境保护验收、环境影响的后评价、水土保持设施验收等专项验收。该环节是对已造成的不良环境影响的补救、补偿措施的改进和完善，进一步确保项目建设不对生态环境造成明显破坏和污染。

在正式运营阶段产生的不良环境影响，则应以满足环境影响评价文件及批复等相关环境保护要求为目标，在运营过程中随时间变迁、环境变化、社会发展，动态完善各项环境保护措施，主要是对环境保护设施设备维护管理（如对风险事故应急事故池系统、桥面径流收集系统、公路服务设施和管理设施生活废水处理设备、声屏障、动物通道等设备的维护管理）。

## 第七节　公路工程环境保护主要问题与建议

公路工程环境保护主要问题与建议如下：

（1）政府投资的公路建设项目由于环境保护专业技术人员介入较早，可及时调查发现项目区存在的环境制约因素，有效推进项目建设程序。而企业投资的公路建设项目，由于企业环境保护意识相对薄弱，环境保护专业技术人员介入一般较晚，在立项阶段之后才介入，往往容易造成重大经济损失，甚至产生重大不良环境影响。建议可行性研究报告编制单位及时提醒建设单位尽早委托环境影响评价等环境保护专业技术单位提前介入参与工程路线方案研究。

（2）未划定为自然保护地的深山无人区大多分布有珍稀野生保护动植物，甚至为集中分布区，常常是产生重大不良环境影响的潜在因素，涉及穿越该区域的公路工程在前期的路网规划阶段和立项阶段，应尽早对该区域开展生物多样性专项调查，明确工程建设穿越可行性。确保不可行的方案不纳入公路网规划，不可行的方案不予立项。若在勘察设计阶段，甚至施工阶段才发现该问题，将对工程建设或生态环境造成重大影响。

（3）目前，除法律法规明确禁止的建设活动构成重大环境制约因素外，公路工程的最终方案往往取决于造价，而不是取决于环境因素，使得保护生态环境流于形式。立项阶段和勘察设计阶段在选线和方案比选中，主要考虑的是工程的难易程度，即土石方、桥梁、隧道等工程量的多少，最终落实在工程造价上，一般选择造价较低的方案，而保护生态环境只是定性地分析是否经过法定保护地、林地、永久基本农田占用的多少等，未进一步定量分析路线方案与各法定保护地的详细关系和可能产生的环境、经济价值影响，即没有将生态环境因素价值化，未将生态环境所具有的调节气候、涵养水源等生态价值用货币价格进行计算，也即未度量公路建设所付出的生态环境成本。若用货币价格定量计算了生态环境价值，实际情况或许可能是工程造价低的方案对生态环境破坏较大，而工程造价高的方案对生态环境破坏却较小。因此，应将生态环境价值化作为公路选线中落实环保优先的前提，按费用效益分析法、最小环境成本法，结合环境影响报告书，将生态环境破坏的成本考虑进去，通过对项目带来的收益与项目产生的生态环境的损失进行比较权衡，选出生态环境影响小、工程造价较低的方案。

（4）勘察设计文件的编制和审批缺乏环境类专业技术人员的参与，环境保护相关内容编制粗陋，大多勘察设计文件中存在重要环境保护目标遗漏、表述错误等问题，不仅降低了勘察设计文件的编制质量，更容易误导后期各项环境保护措施的落实。因此，加强对环境保护相关法规的学习，注重环境保护专业技术人员的培养也是勘察设计单位专业技术水平提升的重要方向。

（5）建设单位、勘察设计单位不熟悉环境保护法规，不重视环境保护，未详细研读已批复的环境影响评价文件及其批复，为节约经济成本、提高施工便利性，轻易调整路线线位，从而引起重大变动，需重新编制环境影响评价文件并重新报批，造成前期工作人力和经济的浪费，影响项目总体进度。对此，建设单位、勘察设计单位应理性地从长远的角度权衡环境效益、时间效益、经济效益之间的关系；勘察设计工作启动较早时，勘察设计单位应与可行性研究报告编制单位充分沟通项目选线意见，确保路线方案的稳定。

（6）尽管建设项目环境影响评价文件审批已调整为在项目开工前完成，为顺利推进项目建设实施，大多数公路工程建设项目环境影响评价文件是基于可行性研究报告进行编制的。在环境敏感性一般或建设条件极为受限的地区，项目路线往往较稳定，在勘察设计阶段对路线调整情况进行控制的情况下，一般不容易出现重大变动，有利于推动项目提前开工建设。同时，由于立项阶段缺乏勘察测定成果支撑，部分路段在勘察设计阶段需进行较大调整，从而造成项目重大变动也是较常见的。发生重大变动时，建设单位、施工单位若未引起重视而盲目开工，往往易造成重大不良环境影响，属严重的违法行为。为降低项目重大变动概率，对建设必要性强、时间紧迫的公路工程，建议在立项阶段按勘察设计深度开展可行性研究报告编制，确保路线方案的稳定，避免勘察设计阶段发生重大变动；对项目区情况复杂、路线方案不稳定因素较多的项目，建议在勘察设计阶段再启动环境影响评价文件编制工作。

（7）在初步设计阶段已经批复的环境影响评价文件，对勘察设计已有明确的环境保护要求，而大多未批复的初步设计未将环境影响评价文件及其批复提出的环境保护措施和要求纳入环境保护设计中，将其推卸至施工图设计阶段。施工图设计单位若未熟悉环境影响评价文件，默认初步设计已纳入环境影响评价文件及其批复提出的环境保护措施和要求，则可能导致重要环境保护设计的遗漏，加重项目建设对环境的不良影响。如 2006—2015 年生态环境部（原环境保护部）审批和验收的东北地区公路项目中有 21 个项目涉及湿地，其中多达 14 个项目在工可阶段的环评报告中提出了优化工程方案以减缓对湿地的阻隔影响的建议，但初步设计、施工图设计仍未以恢复湿地的自然水文条件、维持栖息地功能和生境连续性等为目标优化工程设计。为有效避免和控制不良环境影响，环境影响评价文件及其批复提出的环境保护措施和要求应尽早融入勘察设计中。建议建设单位监督勘察设计单位将环境影响评价文件及其批复提出的环境保护措施和要求纳入勘察设计文件中，同时勘察设计单位及其审批部门将其作为勘察设计质量考核指标。

（8）施工过程中，施工单位未按要求施工污染防治设备或擅自简化环境保护措施，从而导致施工活动对环境造成污染是较为常见的现象，如贵州省三都至独山高速公路 TJ-4 合同段施工方施工期间砂石加工点未使用环保设施，擅自拆除或闲置大气污染防治设施，施工扬尘污染突出，于 2019 年 4 月受黔南州生态环境局独山分局行政处罚（独环罚〔2019〕13 号）；延黄高速 4 分部西安鑫鑫桩基础工程有限公司承建的高速公路进出口施工期间违法向水体排放施工废水、倾倒工业废渣，于 2020 年 4 月受延安市生态环境局行政处罚（陕 J 宜川环罚〔2020〕5 号）。为避免该违法行为的发生，建设单位应将施工期环境保护工作纳入施工合同，并协同监理单位加强对施工活动的环境保护监督管理，确保各项环境保护措施均得以有效落实。

（9）运营期，公路服务设施和管理设施生活废水未按环保要求处理，随意排放问题突出。一般而言，污水处理设施都具有使用寿命，在达到一定的使用年限后需更换组件，否则将影响污水处理效果。部分公路工程的服务设施和管理设施、生活废水处理设施不注重日常养护，设备损坏后未及时替换、修复，虽然经环保验收合格，但正式运营后污水处理效果日益降低，甚至未经处理直接排放。如浙江杭宁高速公路有限责任公司经营的服务区生活污水未经有效处理（氨氮浓度超标），排入服务区外沟渠，最终排入石雪港，造成水环境污染，于 2019 年 4 月受湖州市生态环境局吴兴分局行政处罚（湖吴环罚〔2019〕14 号）。

# 第三章　公路工程生态评价

## 第一节　生态评价有关定义

### 一、生态评价

生态评价是指环境影响评价中的生态环境要素（生态因子）评价。公路工程生态评价包括生态现状评价和生态影响评价。

生态现状评价是指通过一定的调查方法，对调查范围的生态背景特征和现存的主要生态问题情况进行调查，并基于生态学原理对生态现状质量进行定性或定量的分析评价。

生态影响评价是基于生态现状调查、项目建设内容和施工工艺等工程特性，识别生态影响因素、影响方式，进而定性、定量判定影响程度的过程。

### 二、生态评价对象

生态学是研究生物及环境间相互关系的科学。生物包括动物、植物、微生物及人类本身，即不同的生物系统；而环境则指生物生活中的无机因素、生物因素和人类社会共同构成的环境系统。

在环境影响评价的环境保护标准体系中，生态评价对象主要指生物类环境因子（不包括人类）。大气环境、地表水环境、地下水环境、声环境、土壤环境等非生物类环境因子一般有其专项环境影响评价技术导则，不作为生态评价对象，但生态评价需引用其相关评价成果作为生态现状调查内容。

建设项目对生物类环境因子的影响最直观表现在对动物、植物的影响。

在陆域，主要指对陆生脊椎动物、维管束植物（包括蕨类植物、裸子植物、被子植物）的影响；在水域，主要指对鱼类、浮游动物、底栖动物及浮游植物等的影响。在环境影响评价中，基于是否涉及水环境，生物类环境因子分为植物、动物、水生生物。其中，植物指维管束植物，动物指陆生脊椎动物，水生生物指水体中各种生物的总称，主要是完全生活在水环境中的鱼类、浮游动物、底栖动物、浮游植物。

而细菌、真菌、病毒等多属微生物，其新陈代谢一般以寄生、互利共生等形式依托于陆生脊椎动物、维管束植物、鱼类、浮游动物、底栖动物、浮游植物，受环境影响产生的变化也将间接反映在上述生物体上，故一般不将它们作为生态评价对象。而苔藓植物分布广泛，但其个体较小，多与维管束植物共生，受环境影响产生的变化不明显，故一般也不将其作为生态评价对象。

此外，在一定空间内共同栖居的所有生物（即生物群落）与其环境之间不断地进行物质循环和能量流动，进而形成了生态系统。因此，生态系统也属生物类环境因子。

根据欧阳志云等（2015）借鉴国际上和我国有关土地覆盖/土地利用分类体系，以及生态系统长期研究的成果建立的基于中分辨率遥感数据的我国生态系统分类体系，将生态系统进行三级分类：Ⅰ级分为 8 类，Ⅱ级分为 22 类，Ⅲ级分为 42 类。其中，8 个Ⅰ级分类分别为：森林生态系统、灌丛生态系统、草地生态系统、湿地生态系统、农田生态系统、城镇生态系统、荒漠生态系统、其他。

综上所述，生态评价对象主要为植物（维管束植物）、动物（陆生脊椎动物）、水生生物（鱼类、浮游动物、底栖动物、浮游植物），以及生态系统（森林生态系统、灌丛生态系统、草地生态系统、湿地生态系统、农田生态系统、城镇生态系统、荒漠生态系统、其他）。

## 三、生态敏感区

根据《环境影响评价技术导则　生态影响》（HJ 19—2011），生态环境按受影响区域的生态敏感性可分为特殊生态敏感区、重要生态敏感区和一般区域。

特殊生态敏感区是指具有极重要的生态服务功能，生态系统极为脆弱或已有较为严重的生态问题，如遭到占用、损失或破坏后所造成的生态影响后果严重且难以预防、生态功能难以恢复和替代的区域（包括自然保护区、世界文化和自然遗产地等）。

重要生态敏感区是指具有相对重要的生态服务功能或生态系统较为脆弱，如遭到占用、损失或破坏后所造成的生态影响后果较严重，但可通过一定措施加以预防、恢复和替代的区域（包括风景名胜区、森林公园、地质公园、重要湿地、原始天然林、珍稀濒危野生动植物天然集中分布区、重要水生生物的自然产卵场及索饵场、越冬场和洄游通道、天然渔场等）。

一般区域是指除特殊生态敏感区和重要生态敏感区以外的其他区域。

此外，根据中共中央办公厅、国务院办公厅印发的《关于建立以国家公园为主体的自然保护地体系的指导意见》、国家林业和草原局自然保护地管理司印发的《关于加强和规范自然保护地整合优化预案数据上报工作的函》（林保区便函〔2020〕14号）和新的自然保护地分类划定标准，对现有的自然保护区、风景名胜区、地质公园、森林公园、海洋公园、湿地公园、冰川公园、草原公园、沙漠公园、草原风景区、水产种质资源保护区、野生植物原生境保护区（点）、自然保护小区、野生动物重要栖息地等各类自然保护地开展综合评价，按照保护区域的自然属性、生态价值和管理目标进行梳理调整和归类，逐步形成以国家公园为主体、自然保护区为基础、各类自然公园为补充的自然保护地分类系统。在新的自然保护地体系中，国家公园地位高于自然保护区，故而自然保护地体系中的国家公园、自然保护区属特殊生态敏感区，各类自然公园（含风景名胜区）属重要生态敏感区。

## 四、自然保护地

自然保护地是由政府依法划定或确认，对重要的自然生态系统、自然遗迹、自然景观及其所承载的自然资源、生态功能和文化价值实施长期保护的陆域或海域。自然保护地是生态建设的核心载体、中华民族的宝贵财富、美丽中国的重要象征，在维护国家生态安全中居于首要地位。

按照自然生态系统原真性、整体性、系统性及其内在规律，依据管理目标与效能并借鉴国际经验，我国将自然保护地按生态价值和保护强度高低依次分为3类，即国家公园、自然保护区、自然公园。

国家公园是指由国家批准设立并主导管理，以保护具有国家代表性的自然生态系统为主要目的，实现自然资源科学保护和合理利用的特定陆地或海洋区域。国家公园边界清晰，保护范围大，生态过程完整，具有全球价值、国家象征，国民认同度高。国家公园在自然保护地体系中居于主体地位，在维护国家生态安全关键区域中占首要地位，在保护最珍贵、最重要生物多样性集中分布区中占主导地位。国家公园是我国自然生态系统中最重要、自然景观最独特、自然遗产最精华、生物多样性最富集的部分。国家公园的首要功能是保护重要自然生态系统的原真性、完整性，同时兼具科研、教育、游憩等综合功能。国家公园的三大理念：一是坚持生态保护第一，二是坚持国家代表性，三是坚持全民公益性。

自然保护区是指保护典型的自然生态系统、珍稀濒危野生动植物种的天然集中分布区、有特殊意义的自然遗迹的区域。其具有较大面积，确保主要保护对象安全，维持和恢复珍稀濒危野生动植物种群数量及赖以生存的栖息环境。

自然公园是指保护重要的自然生态系统、自然遗迹和自然景观，具有生态、观赏、文化和科学价值，可持续利用的区域，确保森林、海洋、湿地、水域、冰川、草原、生物等珍贵自然资源，以及所承载的景观、地质地貌和文化多样性得到有效保护。各类风景名胜区、森林公园、地质公园、海洋公园、湿地公园、草原公园、沙漠公园、冰川公园、草原风景区、水产种质资源保护区、野生植物原生境保护区（点）、自然保护小区、野生动物重要栖息地等都是自然公园。

生态功能重要、生态环境敏感脆弱及其他有必要严格保护的各类自然保护地，都要纳入生态保护红线管控范围。

## 五、生态保护红线

根据《生态保护红线划定技术指南》（环发〔2015〕56 号）：

### （一）概念

生态保护红线是指依法在重点生态功能区、生态环境敏感区和脆弱区等区域划定的严格管控边界，是国家和区域生态安全的底线。生态保护红线所包围的区域为生态保护红线区，对于维护生态安全格局、保障生态系统功能、支撑经济社会可持续发展具有重要作用。

### （二）基本特征

根据生态保护红线的概念，其基本特征包括以下五个方面：

（1）生态保护的关键区域：生态保护红线是维系国家和区域生态安全的底线，是支撑经济社会可持续发展的关键生态区域。

（2）空间不可替代性：生态保护红线具有显著的区域特定性，其保护对象和空间边界相对固定。

（3）经济社会支撑性：划定生态保护红线的最终目标是在保护重要自然生态空间的同时，实现对经济社会可持续发展的生态支撑作用。

（4）管理严格性：生态保护红线是一条不可逾越的空间保护线，应实施最为严格的环境准入制度与管理措施。

（5）生态安全格局的基础框架：生态保护红线区是保障国家和地方生态安全的基本空间要素，是构建生态安全格局的关键组分。

（三）管控要求

生态保护红线须依据生态服务功能类型和管理严格程度实施分类分区管理，做到"一线一策"。生态保护红线一旦划定，应满足以下四点管控要求：

（1）性质不转换：生态保护红线区内的自然生态用地不可转换为非生态用地，生态保护的主体对象保持相对稳定。

（2）功能不降低：生态保护红线区内的自然生态系统功能能够持续稳定发挥，退化生态系统功能得到不断改善。

（3）面积不减少：生态保护红线区边界保持相对固定，区域面积规模不可随意减少。

（4）责任不改变：生态保护红线区的林地、草地、湿地、荒漠等自然生态系统按照现行行政管理体制实行分类管理，各级地方政府和相关主管部门对红线区共同履行监管职责。

（四）划定范围

依据《中华人民共和国环境保护法》，生态保护红线主要在以下两个生态保护区域进行划定。

### 1. 重点生态功能区

（1）陆地重点生态功能区。

陆地重点生态功能区主要包括《全国主体功能区规划》和《全国生态功能区划》中规定的各类重点生态功能区，具体包括水源涵养区、水土保持区、防风固沙区、生物多样性维护区等类型。

（2）海洋重点生态功能区。

海洋重点生态功能区主要包括海洋水产种质资源保护区、海洋特别保护区、重要滨海湿地、特殊保护海岛、自然景观与历史文化遗迹、珍稀濒危物种集中分布区、重要渔业水域等区域。

2. **生态敏感区/脆弱区**

（1）陆地生态敏感区/脆弱区。

陆地生态敏感区/脆弱区主要包括《全国生态功能区划》《全国主体功能区规划》及《全国生态脆弱区保护规划纲要》中规定的各类生态敏感区/脆弱区，具体包括水土流失敏感区、土地沙化敏感区、石漠化敏感区、高寒生态脆弱区、干旱/半干旱生态脆弱区等。

（2）海洋生态敏感区/脆弱区。

海洋生态敏感区/脆弱区主要包括海岸带自然岸线、红树林、重要河口、重要砂质岸线和沙源保护海域、珊瑚礁及海草床等。

（3）禁止开发区。

禁止开发区主要包括国家级自然保护区、世界文化自然遗产、国家级风景名胜区、国家森林公园和国家地质公园等类型。

（4）其他。

其他未列入上述范围，但具有重要生态功能或生态环境敏感、脆弱的区域，包括生态公益林、重要湿地和草原、极小种群生境等。

# 六、生态保护目标

在环境影响评价中，生态保护目标尚无明确定义，参照《建设项目环境影响评价技术导则 总纲》（HJ 2.1—2016）对环境保护目标有关的定义，生态保护目标指生态影响评价范围内的生态敏感区及需要特殊保护的对象。《环境影响评价技术导则 生态影响》（HJ 19—2011）规定："在有敏感生态保护目标（包括特殊生态敏感区和重要生态敏感区）或其他特别保护要求对象时，应做专题调查。"结合生态评价实际工作，生态保护目标一般指生态敏感区和其他有特别保护要求的对象，其中生态敏感区是敏感生态保护目标，其他有特别保护要求的对象是一般生态保护目标。

区域性广泛分布的物种、生态敏感性一般的区域，对其生态评价进行简要常规性调查、分析评价即可，一般不作为生态保护目标。而涉及特殊生态敏感区和重要生态敏感区，以及国家级和省级保护物种、珍稀濒危物种和地方特有物种时，则一般需将其列为生态保护目标，并作为生态评价重点，逐个或逐类详细调查、分析论证影响程度，并根据具体可能产生的影响提出针对性保护措施。

常见生态保护目标类型见表3.1.1。

表 3.1.1　常见生态保护目标类型表

| 序号 | 类型 | 备注 | | |
|---|---|---|---|---|
| 1 | 国家公园 | 生态敏感区 | | 其范围以批复的规划为准 |
| 2 | 自然遗产地 | | | 主要指世界文化和自然遗产地，也包括国家级、省级自然遗产地，其范围以批复的规划为准 |
| 3 | 自然保护区 | | | 包括国家级、省级、市/州级、县级，其范围以批复的规划为准，规划未开展或未批复的（诸多历史原因造成）一般以主管部门意见为准 |
| 4 | 风景名胜区 | | 自然公园 | 一般只包括国家级、省级，部分地区有市/州级，其范围以批复的规划为准，规划未开展或未批复的（诸多历史原因造成）一般以主管部门意见为准 |
| 5 | 森林公园 | | | 包括国家级、省级，部分地区有市/州、县级，其范围以批复的规划为准，规划未开展或未批复的（诸多历史原因造成）一般以主管部门意见为准 |
| 6 | 湿地公园 | | | |
| 7 | 地质公园 | | | |
| 8 | 水产种质资源保护区 | | | |
| 9 | 生态保护红线 | | | 以省级人民政府及有关部门发布为准 |
| 10 | 重点保护野生动、植物 | 包括国家级、省级，以官方发布的名录为准 | | |
| 11 | 珍稀濒危野生动、植物 | 世界自然保护联盟《濒危物种红色名录》《中国生物多样性红色名录》及地方发布的物种红色名录中列为极危、濒危和易危的物种 | | |
| 12 | 古树、名木 | 古树，树龄在百年以上的大树；名木，稀有、名贵或具有历史价值、纪念意义的树木；一般以地方林业部门收录的为准 | | |
| 13 | 永久基本农田 | 以自然资源部门划定的范围为准 | | |
| 14 | 基本草原 | 以农业部门划定的范围为准 | | |
| 15 | 公益林与保护林地 | 以林业部门划定的范围为准 | | |
| 16 | 其他 | 国家及地方规定应列入的其他法定保护地、特有保护对象等 | | |

　　注：重要湿地、原始天然林、珍稀濒危野生动植物天然集中分布区、重要水生生物的自然产卵场及索饵场、越冬场和洄游通道、天然渔场等一般没有明确的法定范围，故不将其作为常见生态保护目标，实际工作中视涉及情况予以列入。

## 七、生态影响评价工作等级

结合《建设项目环境影响评价技术导则 总纲》（HJ 2.1—2016），生态评价工作等级指按建设项目的特点、所在地区的环境特征、相关法律法规、标准及规划、环境功能区划等划分的生态评价工作等级，不同生态评价工作等级对生态评价的调查和评价范围、方法、内容等要求不同。

根据《环境影响评价技术导则 生态影响》（HJ 19—2011），依据影响区域的生态敏感性和评价项目的工程占地（含水域）范围（包括永久占地和临时占地），将生态影响评价工作等级划分为一级、二级和三级（表 3.1.2）。位于原厂界（或永久用地）范围内的工业类改扩建项目，可做生态影响分析。当工程占地（含水域）范围的面积或长度分别属于两个不同评价工作等级时，原则上应按其中较高的评价工作等级进行评价。改扩建工程的工程占地范围以新增占地（含水域）面积或长度计算。

**表 3.1.2　生态影响评价工作等级划分表**

| 影响区域生态敏感性 | 工程占地（含水域）范围 | | |
|---|---|---|---|
| | 面积≥20 km² 或长度≥100 km | 面积 2~20 km² 或长度 50~100 km | 面积≤2 km² 或长度≤50 km |
| 特殊生态敏感区 | 一级 | 一级 | 一级 |
| 重要生态敏感区 | 一级 | 二级 | 三级 |
| 一般区域 | 二级 | 三级 | 三级 |

## 八、生态评价范围

结合《建设项目环境影响评价技术导则 总纲》（HJ 2.1—2016），生态评价范围指建设项目整体实施后可能对环境造成的生态影响范围。

《环境影响评价技术导则 生态影响》（HJ 19—2011）规定："生态影响评价应能够充分体现生态完整性，涵盖评价项目全部活动的直接影响区域和间接影响区域。评价工作范围应依据评价项目对生态因子的影响方式、影响程度和生态因子之间的相互影响和相互依存关系确定。可综合考虑评价项目与项目区的气候过程、水文过程、生物过程等生物地球化学循环过程的相互作用关系，以评价项目影响区域所涉及的完整气候单元、水文单元、生态单元、地理单元界限为参照边界。"

# 第二节　生态现状评价

生态现状评价包含生态现状调查和生态现状质量评价两部分工作内容，通过采用正确、合理的调查方法，开展充分、全面的生态现状本底调查，才能对生态现状质量做出科学、全面、真实的评价。

## 一、生态现状调查要求

生态现状调查是生态现状评价、影响预测的基础和依据，调查的内容和指标应能反映评价工作范围内的生态背景特征和现存的主要生态问题。在有敏感生态保护目标（包括特殊生态敏感区和重要生态敏感区）或其他特别保护要求对象时，应做专题调查。

生态现状调查应在收集资料的基础上开展现场工作，生态现状调查的范围应不小于评价工作的范围。

一级评价应给出采样地样方实测、遥感等方法测定的生物量、物种多样性等数据，给出主要生物物种名录、受保护的野生动植物物种等调查资料；

二级评价的生物量和物种多样性调查可依据已有资料进行推断，或实测一定数量的、具有代表性的样方予以验证；

三级评价可充分借鉴已有资料进行说明。

## 二、生态现状调查内容

### （一）生态背景调查

根据生态影响的空间和时间尺度特点，调查影响区域内涉及的生态系统类型、结构、功能和过程，以及相关的非生物因子特征（如气候、土壤、地形地貌、水文及水文地质等），重点调查受保护的珍稀濒危物种、关键种、土著种、建群种和特有种、天然的重要经济物种等。如涉及国家级和省级保护物种、珍稀濒危物种和地方特有物种时，应逐个或逐类说明其类型、分布、保护级别、保护状况等；如涉及特殊生态敏感区和重要生态敏感区时，应逐个说明其类型、等级、分布、保护对象、功能区划、保护要求等。

对于已经施工建设的项目，还应对既有工程、前期已实施工程的实际生态影响、已采取的生态保护措施的有效性和存在的问题进行调查评价。

（二）主要生态问题调查

调查影响区域内已存在的制约本区域可持续发展的主要生态问题，如水土流失、沙漠化、石漠化、盐渍化、自然灾害、生物入侵和污染危害等，指出其类型、成因、空间分布、发生特点等。

## 三、生态现状调查方法

（一）资料收集法

资料收集法即收集现有的能反映生态现状或生态背景的资料，从表现形式上分为文字资料和图形资料，从时间上可分为历史资料和现状资料，从收集行业类别上可分为农、林、牧、渔和环境保护部门，从资料性质上可分为环境影响报告书、有关污染源调查、生态保护规划、规定、生态功能区划、生态敏感目标的基本情况及其他生态调查材料等。使用资料收集法时，应保证资料的现时性，引用资料必须建立在现场校验的基础上。

（二）现场勘察法

现场勘察法应遵循整体与重点相结合的原则，在综合考虑主导生态因子结构与功能的完整性的同时，突出重点区域和关键时段的调查，并通过对影响区域的实际踏勘，核实收集资料的准确性，以获取实际资料和数据。

（三）专家和公众咨询法

专家和公众咨询法是对现场勘察法的有益补充。通过咨询有关专家，收集评价工作范围内的公众、社会团体和相关管理部门对项目影响的意见，发现现场踏勘中遗漏的生态问题。专家和公众咨询应与资料收集和现场勘察同步开展。

（四）生态监测法

当资料收集、现场勘察、专家和公众咨询提供的数据无法满足评价的定量需要，或项目可能产生潜在的或长期的累积效应时，可考虑选用生态监测法。生态监测应根据监测因子的生态学特点和干扰活动的特点确定监测位置和频次，有代表性地布点。生态监测法与技术要求须符合国家现行的相关生态监测规范和监测标准分析方法；对于生态系统生产力的调查，必要时须现场采样、实验室测定。

（五）遥感调查法

当涉及区域范围较大或主导生态因子的空间等级尺度较大，通过人力踏勘较为困难或难以完成评价时，可采用遥感调查法。在遥感调查过程中必须辅助必要的现场勘察工作。

（六）陆生、水生动植物调查方法

陆生、水生动植物调查方法见《生物多样性观测技术导则 陆生维管植物》（HJ 710.1—2014）、《生物多样性观测技术导则 陆生哺乳动物》（HJ 710.3—2014）、《生物多样性观测技术导则 鸟类》（HJ 710.4—2014）、《生物多样性观测技术导则 爬行动物》（HJ 710.5—2014）、《生物多样性观测技术导则 两栖动物》（HJ 710.6—2014）、《生物多样性观测技术导则 内陆水域鱼类》（HJ 710.7—2014）、《生物多样性观测技术导则 淡水底栖大型无脊椎动物》（HJ 710.8—2014）、《生物多样性观测技术导则 水生维管植物》（HJ 710.12—2016）。

（七）水库渔业资源调查方法

水库渔业资源调查方法见《水库渔业资源调查规范》（SL 167—96）。

（八）淡水浮游生物调查方法

淡水浮游生物调查方法见《淡水浮游生物调查技术规范》（SC/T 9402—2010）。

（九）海洋生态调查方法

海洋生态调查方法见《海洋调查规范 第9部分：海洋生态调查指南》（GB/T 12763.9—2007）。

# 四、生态现状质量评价方法和内容

（一）评价要求与方法

在区域生态基本特征现状调查的基础上，对评价区的生态现状进行定量或定性的分析评价，评价应采用文字和图件相结合的表现形式，评价方法如下：

## 1. 列表清单法

列表清单法是 Little 等于 1971 年提出的一种定性分析方法。该方法的特点是简单明了，针对性强。

（1）方法。

列表清单法的基本方法是：将拟实施的开发建设活动的影响因素与可能受影响的环境因子分别列在同一张表格的行与列内，逐点进行分析，并逐条阐明影响的性质、强度等，由此分析开发建设活动的生态影响。

（2）应用。

①进行开发建设活动对生态因子的影响分析；

②进行生态保护措施的筛选；

③进行物种或栖息地的重要性或优先度比选。

## 2. 图形叠置法

图形叠置法是把两个以上的生态信息叠合到一张图上，构成复合图，用以表示生态变化的方向和程度。本方法的特点是直观、形象，简单明了。

（1）图形叠置法有两种基本制作手段：指标法和 3S 叠图法。

①指标法。

A. 确定评价区域范围；

B. 进行生态调查，收集评价工作范围与周边地区自然环境、动植物等的信息，同时收集社会经济、环境污染及环境质量信息；

C. 进行影响识别并筛选拟评价因子，其中包括识别和分析主要生态问题；

D. 研究拟评价生态系统或生态因子的地域分布特点与规律，对拟评价的生态系统、生态因子或生态问题建立表征其特性的指标体系，并通过定性分析或定量方法对指标赋值或分级，再依据指标值进行区域划分；

E. 将上述区划信息绘制在生态图上。

②3S 叠图法。

A. 选用地形图或正式出版的地理地图，或经过精校正的遥感影像作为工作底图，底图范围应略大于评价工作范围；

B. 在底图上描绘主要生态因子信息，如植被覆盖、动物分布、河流水系、土地利用和特别保护目标等；

C. 进行影响识别与筛选评价因子；

D. 运用 3S 技术，分析评价因子的不同影响性质、类型和程度；

E. 将影响因子图和底图叠加，得到生态影响评价图。

（2）图形叠置法应用。

①主要用于区域生态质量评价和影响评价；

②用于具有区域性影响的特大型建设项目评价中，如大型水利枢纽工程、新能源基地建设、矿业开发项目等；

③用于土地利用开发和农业开发中。

### 3. 生态机理分析法

生态机理分析法是根据建设项目的特点和受其影响的动、植物的生物学特征，依照生态学原理分析预测工程生态影响的方法。生态机理分析法的工作步骤如下：

（1）调查环境背景现状和搜集工程组成及建设等有关资料；

（2）调查植物和动物分布，动物栖息地和迁徙路线；

（3）根据调查结果分别对植物或动物种群、群落和生态系统进行分析，描述其分布特点、结构特征和演化等级；

（4）识别有无珍稀濒危物种及重要经济、历史、景观和科研价值的物种；

（5）预测项目建成后该地区动物、植物生长环境的变化；

（6）根据项目建成后的环境（水、气、土和生命组分）变化，对照无开发项目条件下动物、植物或生态系统演替趋势，预测项目对动物和植物个体、种群和群落的影响，并预测生态系统演替方向。

评价过程中有时要根据实际情况进行相应的生物模拟试验，如环境条件、生物习性模拟试验，生物毒理学试验，实地种植或放养试验等；或进行数学模拟，如种群增长模型的应用。该方法需与生物学、地理学、水文学、数学及其他多学科合作评价，才能得出较为客观的结果。

### 4. 类比分析法

类比分析法是一种较常用的定性和半定量评价方法，一般有生态整体类比、生态因子类比和生态问题类比等。

（1）方法。

根据已有的开发建设活动（项目、工程）对生态系统产生的影响来分析或预测拟进行的开发建设活动（项目、工程）可能产生的影响。选择好类比对象（类比项目）是进行类比分析或预测评价的基础，也是该法成败的关键。

类比对象的选择条件是：工程性质、工艺和规模与拟建项目基本相当，生态因子（地理、地质、气候、生物因素等）相似，项目建成已有一定时间，所产生的影响已基本全部显现。

类比对象确定后，则需选择和确定类比因子及指标，并对类比对象开展调查与评价，再分析拟建项目与类比对象的差异。根据类比对象与拟建项目的比较，做出类比分析结论。

（2）应用。

①进行生态影响识别和评价因子筛选；

②以原始生态系统作为参照，可评价目标生态系统的质量；

③进行生态影响的定性分析与评价；

④进行某一个或几个生态因子的影响评价；

⑤预测生态问题的发生与发展趋势及其危害；

⑥确定环保目标和寻求最有效、可行的生态保护措施。

### 5. 系统分析法

系统分析法是指把要解决的问题作为一个系统，对系统要素进行综合分析，找出解决问题的可行方案的咨询方法。具体步骤包括限定问题、确定目标、调查研究、收集数据、提出备选方案和评价标准、备选方案评估和提出最可行方案。

系统分析法因其能妥善解决一些多目标动态性问题，目前已广泛应用于各行各业，尤其在进行区域开发或解决优化方案选择问题时，系统分析法显示出其他方法所不能达到的效果。

在生态系统质量评价中使用系统分析的具体方法有专家咨询法、层次分析法、模糊综合评判法、综合排序法、系统动力学、灰色关联等方法，这些方法原则上都适用于生态影响评价。这些方法的具体操作过程可查阅有关书刊。

### 6. 相关分析法

相关分析法是指通过观测物种对某一特定干扰的反应，建立相关关系，预测建设项目可能产生的影响。除了利用已有的研究成果，相关关系的建立也可通过对已有类似建设项目的影响分析获得，进而用于拟建项目的生态影响预测与评价。选取的用于建立相关关系的项目在工程性质、工艺和规模等方面应与拟建项目基本相当，所在区域的环境背景、生态因子相似，且项目建成已有一定时间，所产生的影响已基本全部显现。工作步骤如下：

（1）根据现状调查和工程分析确定目标物种和拟建项目施工及运行产生的干扰因素；

（2）结合拟建项目特点选择已有类似项目；

（3）观测已有类似项目在施工和运行过程中，目标物种对某一特定干扰因素的反应，建立相关关系；

（4）基于相关关系分析，预测拟建项目对目标物种的影响。

### 7. 指数法与综合指数法

指数法是利用同度量因素的相对值来表明因素变化状况的方法，是建设项目环境影响评价中规定的评价方法，指数法同样可将其拓展而应用于生态影响评价中。指数法简明扼要，且符合人们所熟悉的环境污染影响评价思路，但难点在于需明确建立表征生态质量的标准体系，且难以赋权和准确定量。综合指数法是从确定同度量因素出发，把不能直接对比的事物变成能够同度量的方法。

（1）单因子指数法。

选定合适的评价标准，采集拟评价项目区的现状资料。可进行生态因子的现状评价，如以同类型立地条件的森林植被覆盖率为标准，可评价项目建设区的植被覆盖现状情况；也可进行生态因子的预测评价，如以评价区现状植被盖度为评价标准，可评价建设项目建成后植被盖度的变化率。

（2）综合指数法。

①分析研究评价的生态因子的性质及变化规律；

②建立表征各生态因子特性的指标体系；

③确定评价标准；

④建立评价函数曲线，将评价的环境因子的现状值（开发建设活动前）与预测值（开发建设活动后）转换为统一的无量纲的环境质量指标，用 $1\sim0$ 表示优劣（"1"表示最佳的、顶级的、原始或人类干预甚少的生态状况，"0"表示最差的、极度破坏的、几乎无生物性的生态状况）由此计算出开发建设活动前后环境因子质量的变化值；

⑤根据各评价因子的相对重要性赋予权重；

⑥将各因子的变化值综合，提出综合影响评价值。

即

$$\Delta E = \sum (Eh_i - Eq_i) \times W_i$$

式中，$\Delta E$ 为开发建设活动日前后生态质量变化值；$Eh_i$ 为开发建设活动后 $i$ 因子的质量指标；$Eq_i$ 为开发建设活动前 $i$ 因子的质量指标；$W_i$ 为 $i$ 因子的权值。

（3）指数法应用。

①可用于生态因子单因子质量评价；

②可用于生态多因子综合质量评价；

③可用于生态系统功能评价。

（4）说明。

建立评价函数曲线须根据标准规定的指标值确定曲线的上、下限。对于空气和水这些已有明确质量标准的因子，可直接用不同级别的标准值作上、下限；对于无明确标准的生态因子，须根据评价目的、评价要求和环境特点选择相应的环境质量标准值，再确定上、下限。

### 8. 景观生态学评价法

（1）景观优势度评价法。

景观生态学法是通过研究某一区域、一定时段内的生态系统类群的格局、特点、综合资源状况等自然规律，以及人为干预下的演替趋势，揭示人类活动在改变生物与环境方面的作用的方法。景观生态学评价法对生态质量状况的评判是通过两个方面进行的，一是空间结构分析，二是功能与稳定性分析。景观生态学认为，景观的结构与功能是相当匹配的，且增加景观异质性和共生性也是生态学和社会学整体论的基本原则。

空间结构分析基于景观是高于生态系统的自然系统，是一个清晰的、可度量的单位。景观由斑块、基质和廊道组成，其中基质是景观的背景地块，是景观中一种可控制环境质量的组分。因此，基质的判定是空间结构分析的重要内容。判定基质有三个标准，即相对面积大、连通程度高、有动态控制功能。基质的判定多借用传统生态学中计算植被重要值的方法。决定某一斑块类型在景观中的优势，也称优势度值（$Do$）。优势度值由密度（$Rd$）、频率（$Rf$）和景观比例（$Lp$）三个参数计算得出。其数学表达式如下：

$$Rd = (斑块\ i\ 的数目/斑块总数) \times 100\%$$
$$Rf = (斑块\ i\ 出现的样方数/总样方数) \times 100\%$$
$$Lp = (斑块\ i\ 的面积/样地总面积) \times 100\%$$
$$Do = 0.5 \times [0.5 \times (Rd + Rf) + Lp] \times 100\%$$

上述分析同时反映自然组分在区域生态系统中的数量和分布，因此能较准确地表示生态系统的整体性。

景观的功能与稳定性分析包括如下四个方面的内容：

①生物恢复力分析：分析景观基本元素的再生能力或高亚稳定性元素能否占主导地位。

②异质性分析：基质为绿地时，由于异质化程度高的基质很容易维护它的基质地位，从而达到增强景观稳定性的作用。

③种群源的持久性和可达性分析：分析动、植物物种能否持久保持能量流、养分流，分析物种流可否顺利地从一种景观元素迁移到另一种元素，从而增强共生性。

④景观组织的开放性分析：分析景观组织与周边生境的交流渠道是否畅通。开放性强的景观组织可以增强抵抗力和恢复力。景观生态学评价法既可以用于生态现状评价，也可以用于生境变化预测，目前其是国内外生态影响评价学术领域中较先进的方法。

（2）景观指数评价法。

景观生态学主要研究宏观尺度上景观类型的空间格局和生态过程的相互作用及其动态变化特征。景观格局是指大小和形状不一的景观斑块在空间上的排列，是各种生态过程在不同尺度上综合作用的结果。景观格局变化对生物多样性产生直接而强烈的影响，其主要原因是生境丧失和破碎化。

景观变化的分析方法主要有三种：定性描述法、景观生态图叠置法和景观动态的定量化分析法。目前较常用的方法是景观动态的定量化分析法，主要是对收集的景观数据进行解译或数字化处理，建立景观类型图，通过计算景观格局指数或建立动态模型对景观面积变化和景观类型转化等进行分析，揭示景观的空间配置及格局动态变化趋势。

景观指数是能够反映景观格局特征的定量化指标，分为三个级别，代表三种不同的研究尺度，即斑块级别指数、斑块类型级别指数和景观级别指数，常采用 FRAGSTATS 等景观格局分析软件进行计算分析。景观要素的多样性通过景观多样性指数与景观均匀度指数进行测度，景观破碎化程度通过斑块破碎度指数进行测度。

景观多样性指数反映了斑块数目的多少及斑块之间的大小变化，计算公式为：

$$H' = -\sum_{i=1}^{m} (P_i \times \ln P_i)$$

式中，$H'$ 为景观多样性指数；$P_i$ 为斑块类型 $i$ 所占景观面积的比例；$m$ 为斑块类型数量。

景观均匀度指数反映了景观中各类斑块类型的分布平均程度，计算公式为：

$$E' = \frac{H'}{H_{max}} = \frac{-\sum (P_i \times \ln P_i)}{\ln n}$$

式中，$E'$ 为景观均匀度指数；$H'$ 为景观多样性指数；$H_{max}$ 为景观多样性指数最大值；$n$ 为景观中最大可能的斑块类型数。

当 $E'$ 趋于 1 时，景观斑块分布的均匀程度也趋于最大。

斑块破碎度指数的计算公式为：

$$F = \frac{N_P - 1}{N_C}$$

式中，$F$ 为斑块破碎度指数；$N_P$ 为被测区域中景观斑块总数量；$N_C$ 为被测区域总面积与最小斑块面积的比值。

$F$ 值域为 $[0，1]$，$F$ 值越大，景观破碎化程度越大。

### 9. 生物多样性评价法

生物多样性内涵丰富，包括物种多样性、遗传多样性和生态系统多样性三个层次。建设项目生态影响评价中的生物多样性评价是通过收集生物多样性状态、压力、驱动力、影响与响应等方面的信息，定量或定性分析建设项目实施后的生物多样性的变化和状态，常用的评价指标有 Margalef 物种丰富度指数、Shannon-Wiener 多样性指数、Pielou 均匀度指数、Simpson 优势度指数等。

（1）Margalef 物种丰富度指数是反映调查群落（或样品）中物种种类丰富程度的指数，计算公式为：

$$D = (S - 1)/\ln N$$

式中，$D$ 为 Margalef 物种丰富度指数；$S$ 为群落（或样品）中的种类总数；$N$ 为群落（或样品）中的物种个体总数。

（2）Shannon-Wiener 多样性指数是反映调查群落（或样品）中种类多样性的指数，计算公式为：

$$H = -\sum_{i=1}^{S} P_i \ln P_i$$

式中，$H$ 为 Shannon-Wiener 多样性指数；$S$ 为群落（或样品）中的种类总数；$P_i$ 为群落（或样品）中属于第 $i$ 种的个体比例（如总个体数为 $N$，第 $i$ 种个体数为 $n_i$，则 $P_i = n_i/N$）。

（3）Pielou 均匀度指数是反映调查群落（或样品）中各物种个体数目分配均匀程度的指数，计算公式为：

$$J = -\sum_{i=1}^{S} (P_i \ln P_i)/\ln S$$

式中，$J$ 为 Pielou 均匀度指数；$P_i$ 为群落（或样品）中属于第 $i$ 种的个体比例；$S$ 为群落（或样品）中的种类总数。

（4）Simpson 优势度指数与 Pielou 均匀度指数相对应，计算公式为：

$$D = 1 - \sum_{i=1}^{S} P_i^2$$

式中，$D$ 为 Simpson 优势度指数；$S$ 为群落（或样品）中的种类总数；$P_i$ 为群落（或样品）中属于第 $i$ 种的个体比例。

### 10. 生态系统评价方法

生态系统评价涉及生态系统格局、生态系统质量、生态服务功能、生态环境问题、生态环境胁迫等各个方面，也建立了相应的指标体系。在建设项目生态影响评价中，较为关注的是对生态系统结构、质量和功能的影响，可选用相应的评价方法和指标进行评价。

（1）生产力评价方法。

初级生产力是生态系统功能最重要的参数之一。群落（或生态系统）初级生产力是单位面积、单位时间群落（或生态系统）中植物利用太阳能固定的能量或生产的有机质的量。净初级生产力（NPP）是从固定的总能量和产生的有机质总量中减去植物呼吸所消耗的量，直接反映了植被群落在自然环境条件下的生产能力，表征陆地生态系统的质量状况，也是判定生态系统碳循环和生态过程的主要因子。NPP测算方法主要包括站点实测法、实验法和模型法（如统计模型、参数模型和过程模型）。在区域以上的大尺度水平，基于遥感数据反演植被NPP是发展较快、应用较广的重要分析手段。

在建设项目可能导致区域生态系统结构和质量发生变化时，可采用生产力评价方法。估算NPP的模型研究成果丰硕，通过不断改进、完善，近年来估算模型的应用能力得到了很大的提高。具体方法和模型的计算过程可查阅相关文献资料，选择适用的模型开展预测和评价工作，必要时应对模型模拟结果进行验证。

（2）生物完整性指数评价方法。

生态系统完整性是建立在生物完整和生态健康相关概念的基础之上，是生态系统评价中的一个重要概念。生物完整性（Index of Biotic Integrity，IBI）评价体系最早由美国学者Karr提出，并以鱼类作为指示生物构建评价体系，主要用于评价河流健康状况和湿地生态系统健康状况。生物完整性指数评价的工作步骤如下：

①结合工程影响特点和所在区域水生态系统特征，选择指示物种；

②根据指示物种种群特征，在指标库中确定指示物种状况参数指标；

③选择参考点（未受干扰的样点或受干扰极小的样点，能够反映生物完整性的背景状况）和干扰点〔已受各种干扰（如点源和非点源污染、森林覆盖率的降低、城镇化、大坝建设等）的样点，可作为类比分析的依据〕，并采集参数指标数据，通过对参数指标值的分布范围分析、判别能力分析（敏感性分析）和相关关系分析，建立评价指标体系；

④确定每种参数指标值及IBI指数的计算方法，分别计算参考点和干扰点的IBI指数值；

⑤建立生物完整性指数的评分标准；

⑥评价工程建设前所在区域水生态系统健康程度，预测工程建设后水生态系统健康状态和变化趋势。

（3）生态系统服务功能评价方法。

生态系统服务功能是指生态系统与生态过程所形成及维持的人类赖以生存的自然环境条件与作用，主要包括供给服务、调节服务和文化服务三大类。其中，调节服务包括食物生产、水源涵养、土壤保持、洪水调蓄、防风固沙、碳固定、生物多样性保护等功能。评价指标与方法依据《中国生态系统格局、质量、服务与演变》。

① 食物生产功能。

以食物生产热量为基本指标，计算公式如下：

$$E_s = \sum_{i=1}^{n} E_i = \sum_{i=1}^{n} (10000 \times M_i \times EP_i \times A_i)$$

式中，$E_s$ 为区县食物总供给热量（kcal）；$E_i$ 为第 $i$ 种食物所提供的热量（kcal）；$M_i$ 为区县第 $i$ 种食物的产量（t）；$EP_i$ 为第 $i$ 种食物可食部的比例（%）；$A_i$ 为第 $i$ 种食物每 100 g 可食部中所含热量（kcal）；$i = 1$，2，3，…，$n$；$n$ 为区县食物种类。

② 水源涵养功能。

以水源涵养量作为生态系统水源涵养功能的评价指标。采用水量平衡方程来计算水源涵养量，主要与降水量、蒸散发、地表径流量和植被覆盖类型等因素密切相关。以气象数据和生态参数为基础，在 InVEST 模型的基础上建立模型进行评估。计算公式如下：

$$TQ = \sum_{i=1}^{j} (P_i - R_i - ET_i) \times A_i$$

式中，$TQ$ 为总水源涵养量（m³）；$P_i$ 为降雨量（mm）；$R_i$ 为地表径流量（mm）；$ET_i$ 为蒸散发（mm）；$A_i$ 为 $i$ 类生态系统的面积（km²）；$i$ 为研究区第 $i$ 类生态系统类型；$j$ 为研究区生态系统类型数。

地表径流量由降雨量乘以地表径流系数获得，计算公式如下：

$$R = P \times a_k$$

式中，$R$ 为地表径流量（mm）；$P$ 为年降雨量（mm）；$a_k$ 为 $k$ 生态系统的平均地表径流系数。

地表径流系数通过综合分析文献资料获得（表 3.2.1）。

表3.2.1　各类型生态系统地表径流系数均值表

| 生态系统类型1 | 生态系统类型2 | 平均地表径流系数（%） | 参考文献 |
|---|---|---|---|
| 森林 | 常绿阔叶林 | 2.67 | 周光益等，1994；潘磊等，2010；温熙胜等，2007；祁生林等，2006 |
| | 常绿针叶林 | 3.02 | 潘磊等，2010；纪启芳等，2012；吕锡芝，2013 |
| | 针阔混交林 | 2.29 | 祁生林等，2006；张晓明等，2003 |
| | 落叶阔叶林 | 1.33 | 任青山、张成林，1994；朱劲伟、史继德，1982 |
| | 落叶针叶林 | 0.88 | 段文标、刘少冲，2006 |
| | 稀疏林 | 19.20 | 刘芝芹等，2009 |
| 灌丛 | 常绿阔叶灌丛 | 4.26 | 祁生林等，2006；申彦科等，2009 |
| | 落叶阔叶灌丛 | 4.17 | 徐学选等，2002 |
| | 针叶灌丛 | 4.17 | 徐学选等，2002 |
| | 稀疏灌丛 | 19.20 | 刘芝芹等，2009 |
| 草地 | 草甸 | 8.20 | 贺红元、车克钧，1992；陈奇伯等，2005；周祥等，2011；李元寿等，2005 |
| | 草原 | 4.78 | 贺红元、车克钧，1992；赵焕胤、朱劲伟，1994；李生等，2009；孟广涛等，2010；左长清、马良，2004；程冬兵等，2007 |
| | 草丛 | 9.37 | 吴长文、王礼先，1995 |
| | 稀疏草地 | 18.27 | 李元寿等，2005 |
| 湿地 | 湿地 | 0.00 | — |

③ 土壤保持功能。

以土壤保持量，即潜在土壤侵蚀量与实际土壤侵蚀量的差值作为生态系统土壤保持功能的评价指标。以通用土壤流失方程 USLE 为基础，采用如下公式计算土壤保持量：

$$SC=SE_p-SE_a=R×K×LS×(1-C)$$

式中，$SE_p$ 和 $SE_a$ 表示潜在土壤侵蚀量 $[t/(hm^2·a)]$ 和实际土壤侵蚀量 $[t/(hm^2·a)]$；$SC$ 表示土壤保持量 $[t/(hm^2·a)]$；$R$ 为降雨侵蚀力因子 $[MJ·mm/(hm^2·h·a)]$；$K$ 为土壤可蚀性因子 $[t·hm^2·h/(hm^2·MJ·m)]$；$LS$ 为地形因子；$C$ 为植被覆盖因子。

降雨侵蚀力因子 $R$ 是降雨引发土壤侵蚀的潜在能力，计算公式如下：

$$\overline{R} = \sum_{k=1}^{24} \overline{R}_{半月k}$$

$$\overline{R}_{半月k} = \frac{1}{n} \sum_{i=1}^{n} \sum_{j=1}^{m} (\alpha \times P_{i,j,k}^{1.7265})$$

式中，$\overline{R}$ 为多年平均年降雨侵蚀力 $[MJ \cdot mm/(hm^2 \cdot h \cdot a)]$；$\overline{R}_{半月k}$ 为第 $k$ 个半月的降雨侵蚀力 $[MJ \cdot mm/(hm^2 \cdot h \cdot a)]$；$k$ 为一年的 24 个半月；即 $k=1$，$2$，$\cdots$，$24$；$i$ 为所用降雨资料的年份，即 $i=1$，$2$，$\cdots$，$n$；$j$ 为第 $i$ 年第 $k$ 个半月侵蚀性降雨日的天数，即 $j=1$，$2$，$\cdots$，$m$；$P_{i,j,k}$ 为第 $i$ 年第 $k$ 个半月 $j$ 天侵蚀性降雨日降雨量（mm）；$\alpha$ 为参数，暖季 $\alpha=0.3937$，冷季 $\alpha=0.3101$。可根据全国范围内气象站点多年的逐日降雨量资料，通过插值获得数据。

土壤可蚀性因子 $K$ 采用如下公式进行计算：

$$K_{EPIC} = \{0.2 + 0.3\exp[-0.0256\,m_s(1 - m_{silt}/100)]\} \times \left[\frac{m_{silt}}{(m_c + m_{silt})}\right]^{0.3} \times$$

$$\{1 - 0.25orgC/[orgC + \exp(3.72 - 2.95orgC)]\} \times \{1 -$$

$$0.7(1 - m_s/100)/\{(1 - m_s/100) + \exp[-5.51 + 22.9(1 - m_s/100)]\}\}$$

$$K = (-0.01383 + 0.51575K_{EPIC}) \times 0.1317$$

式中，$K$ 为土壤可蚀性因子 $[t \cdot hm^2 \cdot h/(hm^2 \cdot MJ \cdot m)]$；$m_c$、$m_{silt}$、$m_s$ 和 $orgC$ 分别为黏粒（<0.002 mm）、粉粒（0.002~0.05 mm）、砂粒（0.05~2 mm）和有机碳的百分含量（%）。可采用寒区旱区科学数据中心的数据（土壤机械组成、土壤有机质含量）。

地形因子 $L$ 和 $S$ 采用如下公式进行计算：

$$L = \left(\frac{\lambda}{22.13}\right)^m$$

$$m = \beta/(1 + \beta)$$

$$\beta = (\sin\theta/0.089)/[3.0 \times (\sin\theta)^{0.8} + 0.56]$$

$$S = \begin{cases} 10.8\sin\theta + 0.03 & \theta < 5.14° \\ 16.8\sin\theta - 0.05 & 5.14° \leqslant \theta < 10.20° \\ 21.91\sin\theta - 0.96 & 10.20° \leqslant \theta < 28.81° \\ 9.5988 & \theta \geqslant 28.81° \end{cases}$$

式中，$L$ 为坡长因子；$S$ 为坡度因子；$m$ 为坡长指数；$\theta$ 为坡度（°）；$\lambda$ 为坡长（m）。坡长、坡度数据来源于 DEM（Digital Elevation Model）数据。

植被覆盖因子 $C$ 反映了生态系统对土壤侵蚀的影响，是控制土壤侵蚀的积极因素，水田、湿地、城镇和荒漠则参照 N-SPECT 中的参数分别赋值为 0、0、0.01 和 0.7，其余各生态系统类型按不同植被覆盖度进行赋值（表 3.2.2）。

表 3.2.2　不同植被覆盖的 $C$ 值

| 生态系统类型 | 植被覆盖度 | | | | | |
|---|---|---|---|---|---|---|
| | <10% | 10%～30% | 30%～50% | 50%～70% | 70%～90% | >90% |
| 森林 | 0.10 | 0.08 | 0.06 | 0.020 | 0.004 | 0.001 |
| 灌丛 | 0.40 | 0.22 | 0.14 | 0.085 | 0.040 | 0.011 |
| 草地 | 0.45 | 0.24 | 0.15 | 0.090 | 0.043 | 0.011 |
| 乔木园地 | 0.42 | 0.23 | 0.14 | 0.089 | 0.042 | 0.011 |
| 灌木园地 | 0.40 | 0.22 | 0.14 | 0.087 | 0.042 | 0.011 |

④ 洪水调蓄功能。

湖泊洪水调蓄能力按不同湖区湖泊可调蓄水量与湖面面积的关系构建模型，进而通过湖面面积估算湖泊的可调蓄水量，计算公式如下：

东部平原湖：$\ln C_r = 1.128\ln A + 4.924$

蒙新高原湖：$\ln C_r = 0.680\ln A + 5.653$

云贵高原湖：$\ln C_r = 0.927\ln A + 4.904$

青藏高原湖：$\ln C_r = 0.678\ln A + 6.636$

东北平原与山区：$\ln C_r = 0.866\ln A + 5.808$

式中，$C_r$ 为可调蓄水量（万平方米）；$A$ 为湖面面积（km²）。

水库洪水调蓄能力则根据水库防洪库容与总库容的关系构建模型，由总库容估算水库防洪库容，计算公式如下：

$$C_r = 0.35 C_t \quad (N=460, R^2=0.810)$$

式中，$C_r$ 为防洪库容（万平方米）；$C_t$ 为总库容（万平方米）。

沼泽洪水调蓄能力则按洪水期平均最大淹没深度 1 m，结合沼泽面积，计算沼泽地表滞水量。

⑤ 防风固沙功能。

固沙量、固沙率的计算采用修正风蚀方程，主要考虑了风速、降雨、温度、土壤质地、地形及植被覆盖对土壤侵蚀和土壤保持的影响。

采用修正风蚀方程估算防风固沙功能区的土壤侵蚀模数，计算公式如下：

$$S_L = \frac{2z}{S^2} Q_{max} \times e^{-(z/S)^2}$$

$$S = 150.71 (WF \times EF \times SCF \times K' \times C)^{-0.3711}$$
$$Q_{max} = 109.8(WF \times EF \times SCF \times K' \times C)$$

式中，$S_L$ 为实际土壤侵蚀量 [t/(km² · a)]；$Q_{max}$ 为最大转移量（kg/m）；$z$ 为最大风蚀出现距离（m）；$WF$ 为气象因子（kg/m）；$K'$ 为地表糙度因子；$EF$ 为土壤侵蚀因子；$SCF$ 为土壤结皮因子；$C$ 为植被覆盖因子；$S$ 为关键地块长度（m）。

气象因子 $WF$ 计算公式如下：

$$WF = Wf \times \frac{\rho}{g} \times SW \times SD$$

式中，$WF$ 为气象因子，由 12 个月 $WF$ 的总和得到多年年均 $WF$；$Wf$ 为各月多年平均风力因子；$\rho$ 为空气密度；$g$ 为重力加速度；$SW$ 为各月多年平均土壤湿度因子，无量纲；$SD$ 为雪盖因子，无量纲。

土壤侵蚀因子 $EF$ 计算公式如下：

$$EF = \frac{29.09 + 0.31sa + 0.17si + 0.33(sa/cl) - 2.59OM - 0.95 M\text{caco}_3}{100}$$

式中，$sa$ 为土壤粗砂含量（%）；$si$ 为土壤粉砂含量（%）；$cl$ 为土壤黏粒含量（%）；$OM$ 为土壤有机质含量（%）；$M\text{caco}_3$ 为碳酸钙含量，本次计算未予考虑，其值取 0。

土壤结皮因子 $SCF$ 计算公式如下：

$$SCF = \frac{1}{1 + 0.0066 (cl)^2 + 0.21 OM^2}$$

式中，$cl$ 为土壤黏粒含量（%）；$OM$ 为土壤有机质含量（%）。

不同植被类型的防风固沙效果不同，研究将植被分为林地、灌丛、草地、农田、裸地和沙漠 6 个类型，根据不同的系数计算各植被覆盖因子 $C$，计算公式如下：

$$C = e^{a_i^{(SC)}}$$

式中，$SC$ 为植被覆盖度（%），由每年 36 期植被覆盖数据的最大值的平均值表示年均植被覆盖度；$a_i$ 为不同植被类型的系数，林地为 -0.1535，草地为 -0.1151，灌丛为 -0.0921，裸地为 -0.0768，沙漠为 -0.0658，农田为 -0.0438。

地表糙度因子 $K'$ 计算公式如下：

$$K' = e^{(1.86K_r - 2.41K_r^{0.934} - 0.127Crr)}$$

由土垄造成的地表糙度 $K_r$，以 Smith-Carson 方程加以计算：

$$K_r = 0.2 \times \frac{(\Delta H)^2}{L}$$

式中，$K_r$ 为土垄糙度（cm）；$Crr$ 为随机糙度因子（cm），本次取 $0$；$L$ 为地势起伏参数；$\Delta H$ 为距离 $L$ 范围内的海拔高程差，在 GIS 软件中通过使用 Neighborhood Statistics 工具计算 DEM 数据相邻单元格地形起伏差值获得。

⑥ 碳固定功能。

生态系统碳储量的计算公式如下：

$$BCS_{in} = \sum_{j=1}^{n} BCD_{ijn} \times AR_i$$

式中，$BCD_{ijn}$ 是 $n$ 年第 $i$ 类生态系统中像素 $j$ 的生物量碳密度，由生物量乘以碳含量系数所得，森林与灌丛的碳含量系数为 $0.5$，草地为 $0.45$；$AR_i$ 为第 $i$ 类生态系统面积比例。

⑦ 生物多样性保护功能。

用不可替代性指数评价生物多样性保护功能的重要性。该指数为每个评价单元赋值，数值在 $0 \sim 100$ 分布，数值越高，表示该单元对保护全国生物多样性的价值（不可替代性）越大。

在评价过程中应先按规则选择指示物种，根据历史数据，以县为单元确定每个指示物种的分布区。使用 Marxan 选址运算模型，按约束条件进行迭代计算，得到全国生物多样性保护优先区域。

评价单元为各县级行政单位，物种选择全国境内有记录分布的国家一级物种、二级物种和其他有重要保护价值的物种，参照《中国动物志》和《中国植物志》统计这些物种在每个评价单元中出现的数量。

Marxan 选址运算模型的迭代运算目标函数为：

$$\text{Min}\left( \sum_{PUs} Cost + BLM \sum_{PUs} Boundary + \sum_{ConValue} SPF + CostTersholdPenalty(t) \right)$$

式中，$\sum\limits_{PUs} Cost$ 为规划单元总成本；$BLM$ 为保护体系边界总长度修正值；$\sum\limits_{PUs} Boundary$ 为保护单元邻边长度总和；$\sum\limits_{ConValue} SPF$ 为未达到保护目标的补偿值；$CostTersholdPenalty(t)$ 为超出成本阈值的补偿值。

## 11. 生境适宜度评价方法

生境适宜度评价是通过分析目标物种的生境要求及其与当地自然环境的匹配关系，建立适合的生境评价模型，对某一区域的物种生境进行适宜度分析。生境适宜度评价的工作步骤如下：

（1）明确目标物种，即受工程影响的珍稀濒危野生动物等；

（2）分析物种的生境条件，明确影响种群分布及行为的限制因素或主导因素；

（3）根据评价要素收集、准备相应的地理数据，建立各项影响因素的评价准则，借助 GIS 技术完成数据的空间分析处理，进行各单项因素的适宜度评价；

（4）根据一定的评价准则，借助 GIS 技术进行各单因素叠加分析；

（5）根据模型模拟结果，综合评价工程所在区域的生境现状；

（6）叠加拟建工程，对生境适宜度变化情况进行预测；

（7）提出优化选址选线方案及生态保护措施。

其中，影响物种潜在分布的环境因子一般可细分为物理环境因子（温度、光照、水分、海拔、坡度坡向等）、生物环境因子（食物、植被类型、种内和种间竞争等）和人类活动干扰（施工、交通、放牧、采伐等）。在评价模型的选择上，生态位模型是一种比较重要的模型，其基本原理是根据目标物种已知分布区，利用数学模型归纳或模拟其生态位需求，并将其投射到目标地区即可得到目标物种的适生区分布。

### 12. 生态环境状况评价方法

县域、省域和生态区的生态环境状况及变化趋势评价方法参见《生态环境状况评价技术规范》（HJ 192—2015）。

### 13. 海洋及水生生物资源影响评价方法

海洋生物资源影响评价技术方法参见《建设项目对海洋生物资源影响评价技术规程》（SC/T 9110—2007），以及其他推荐的生态影响评价和预测适用方法；水生生物资源影响评价技术方法可适当参照该技术规程及其他推荐的适用方法。

### 14. 土壤侵蚀预测方法

土壤侵蚀预测方法参见《开发建设项目水土保持技术规范》（GB 50433—2008）。

### （二）评价内容

（1）在阐明生态系统现状的基础上，分析影响区域内生态系统状况的主要原因。评价生态系统的结构与功能状况（如水源涵养、防风固沙、生物多样性保护等主导生态功能）、生态系统面临的压力和存在的问题、生态系统的总体变化趋势等。

（2）分析和评价受影响区域内动、植物等生态因子的现状组成、分布。当评价区域涉及受保护的敏感物种时，应重点分析该敏感物种的生态学特征；当评价区域涉及特殊生态敏感区或重要生态敏感区时，应分析其生态现状、保护现状和存在的问题等。

# 第三节　生态影响评价

生态影响是经济社会活动对生态系统及其生物因子、非生物因子所产生的任何有害的或有益的作用，可划分为不利生态影响和有利生态影响，直接生态影响、间接生态影响和累积生态影响，可逆生态影响和不可逆生态影响。其中，直接生态影响指经济社会活动所导致的不可避免的、与该活动同时同地发生的生态影响。间接生态影响指经济社会活动及其直接生态影响所诱发的、与该活动不在同一地点或不在同一时间发生的生态影响。累积生态影响指经济社会活动各个组成部分之间或该活动与其他相关活动（包括过去、现在、未来）之间造成生态影响的相互叠加。

生态影响评价的重点在于生态现状调查、项目建设内容和施工工艺、生态影响因素、影响方式调查与识别。

## 一、生态影响判定依据

（1）国家、行业和地方已颁布的资源环境保护等相关法规、政策、标准、规划和区划等确定的目标、措施与要求。

（2）科学研究判定的生态效应或评价项目实际的生态监测、模拟结果。

（3）评价项目所在地区及相似区域生态背景值或本底值。

（4）已有性质、规模及区域生态敏感性相似项目的实际生态影响类比。

（5）相关领域专家、管理部门及公众的咨询意见。

## 二、工程分析

### （一）工程分析内容

工程分析内容应包括：项目所处的地理位置、工程的规划依据和规划环评依据、工程类型、项目组成、占地规模、总平面及现场布置、施工方式、施工时序、运行方式、替代方案、工程总投资与环保投资、设计方案中的生态保护措施等。

工程分析时段应涵盖勘察期、施工期和运营期，以施工期和运营期为调查分析的重点。

## （二）工程分析重点

根据评价项目自身特点、区域的生态特点及评价项目与影响区域生态系统的相互关系，确定工程分析的重点，分析生态影响的源及其强度。主要内容应包括：

（1）可能产生重大生态影响的工程行为；

（2）与特殊生态敏感区和重要生态敏感区有关的工程行为；

（3）可能产生间接、累积生态影响的工程行为；

（4）可能造成重大资源占用和配置的工程行为。

# 三、生态影响预测与评价

## （一）生态影响预测与评价内容

生态影响预测与评价内容应与现状评价内容相对应，依据区域生态保护的需要和受影响生态系统的主导生态功能选择评价预测指标。

（1）评价工作范围内涉及的生态系统及其主要生态因子的影响。通过分析影响作用的方式、范围、强度和持续时间来判别生态系统受影响的范围、强度和持续时间；预测生态系统组成和服务功能的变化趋势，重点关注其中的不利影响、不可逆影响和累积生态影响。

（2）敏感生态保护目标的影响评价应在明确保护目标的性质、特点、法律地位和保护要求的情况下，分析评价项目的影响途径、影响方式和影响程度，预测潜在的后果。

（3）预测评价项目对区域现存主要生态问题的影响趋势。

## （二）生态影响预测与评价方法

生态影响预测与评价方法应根据评价对象的生态学特性，在调查、判定该区主要的、辅助的生态功能及完成功能必需的生态过程的基础上，分别采用定量分析与定性分析相结合的方法进行预测与评价。常用的方法包括列表清单法、图形叠置法、生态机理分析法、景观生态学评价法、指数法与综合指数法、类比分析法、系统分析法和生物多样性评价法等，其方法与生态现状评价方法一致，是对评价区项目建设后的生态现状进行再次评价，而后通过对比项目建设前、建设后评价区生态现状评价结果的差异反映项目建设影响程度。

# 第四节　生态影响评价图件规范与要求

## 一、一般原则

（1）生态影响评价图件是指以图形、图像的形式，对生态影响评价有关空间内容的描述、表达或定量分析。生态影响评价图件是生态影响评价报告的必要组成内容，是评价的主要依据和成果的重要表示形式，是指导生态保护措施设计的重要依据。

（2）本规范与要求主要适用于生态影响评价工作中表达地理空间信息的地图，应遵循有效、实用、规范的原则，根据评价工作等级和成图范围，以及所表达的主题内容选择适当的成图精度和图件构成，充分反映出评价项目、生态因子构成、空间分布及评价项目与影响区域生态系统的空间作用关系、途径或规模。

## 二、图件构成

（1）根据评价项目自身特点、评价工作等级及区域生态敏感性不同，生态影响评价图件由基本图件和推荐图件构成（表3.4.1）。

表 3.4.1　生态影响评价图件构成要求

| 评价工作等级 | 基本图件 | 推荐图件 |
|---|---|---|
| 一级 | （1）项目区域地理位置图<br>（2）工程平面图<br>（3）土地利用现状图<br>（4）地表水系图<br>（5）植被类型图<br>（6）特殊生态敏感区和重要生态敏感区空间分布图<br>（7）主要评价因子的评价成果和预测图<br>（8）生态监测布点图<br>（9）典型生态保护措施平面布置示意图 | （1）当评价工作范围涉及山岭重丘区时，可提供地形地貌图、土壤类型图和土壤侵蚀分布图；<br>（2）当评价工作范围涉及河流、湖泊等地表水时，可提供水环境功能区划图；当涉及地下水时，可提供水文地质图件等；<br>（3）当评价工作范围涉及海洋和海岸带时，可提供海域岸线图、海洋功能区划图，根据评价需要选做海洋渔业资源分布图、主要经济鱼类产卵场分布图、滩涂分布现状图；<br>（4）当评价工作范围已有土地利用规划时，可提供已有土地利用规划图和生态功能分区图；<br>（5）当评价工作范围涉及地表塌陷时，可提供塌陷等值线图；<br>（6）此外，可根据评价工作范围涉及的不同生态系统类型，选做动植物资源分布图、珍稀濒危物种分布图、永久基本农田分布图、绿化布置图、荒漠化土地分布图等 |
| 二级 | （1）项目区域地理位置图<br>（2）工程平面图<br>（3）土地利用现状图<br>（4）地表水系图<br>（5）特殊生态敏感区和重要生态敏感区空间分布图<br>（6）主要评价因子的评价成果和预测图<br>（7）典型生态保护措施平面布置示意图 | （1）当评价工作范围涉及山岭重丘区时，可提供地形地貌图和土壤侵蚀分布图；<br>（2）当评价工作范围涉及河流、湖泊等地表水时，可提供水环境功能区划图；当涉及地下水时，可提供水文地质图件；<br>（3）当评价工作范围涉及海域时，可提供海域岸线图和海洋功能区划图；<br>（4）当评价工作范围已有土地利用规划时，可提供已有土地利用规划图和生态功能分区图；<br>（5）评价工作范围内，陆域可根据评价需要选做植被类型图或绿化布置图 |
| 三级 | （1）项目区域地理位置图<br>（2）工程平面图<br>（3）土地利用或水体利用现状图<br>（4）典型生态保护措施平面布置示意图 | （1）评价工作范围内，陆域可根据评价需要选做植被类型图或绿化布置图；<br>（2）当评价工作范围涉及山岭重丘区时，可提供地形地貌图；<br>（3）当评价工作范围涉及河流、湖泊等地表水时，可提供地表水系图；<br>（4）当评价工作范围涉及海域时，可提供海洋功能区划图；<br>（5）当涉及重要生态敏感区时，可提供关键评价因子的评价成果图 |

（2）基本图件是指根据生态影响评价工作等级不同，各级生态影响评价工作需提供的必要图件。当评价项目涉及特殊生态敏感区和重要生态敏感区时，必须提供能反映生态敏感特征的专题图（如保护物种空间分布图）；开

展生态监测工作时，必须提供相应的生态监测布点图。

（3）推荐图件是在现有技术条件下，可以以图形图像形式表达的、有助于阐明生态影响评价结果的选做图件。

## 三、图件制作规范与要求

### （一）数据来源与要求

（1）生态影响评价图件制作基础数据来源包括已有图件资料、采样、实验、地面勘测和遥感信息等。

（2）图件基础数据来源应满足生态影响评价的时效要求，选择与评价基准时段相匹配的数据源。当图件主题内容无显著变化时，制图数据源的时效要求可在无显著变化期内适当放宽，但必须经过现场勘验校核。

### （二）制图与成图精度要求

生态影响评价制图的工作精度一般不低于工程可行性研究制图精度，成图精度应满足生态影响的判别和生态保护措施的实施。

生态影响评价图件成图应能准确、清晰地反映评价主题内容，成图比例不应低于表 3.4.2 中的规范要求（项目区域地理位置图除外）。当成图范围过大时，可采用点线面相结合的方式，分幅成图；当涉及敏感生态保护目标时，应分幅单独成图，以提高成图精度。

表 3.4.2　生态影响评价图件成图比例规范要求

| 成图范围 | | 成图比例尺 | | |
|---|---|---|---|---|
| | | 一级评价 | 二级评价 | 三级评价 |
| 面积 | ≥100 km² | ≥1∶10 万 | ≥1∶10 万 | ≥1∶25 万 |
| | 20~100 km² | ≥1∶5 万 | ≥1∶5 万 | ≥1∶10 万 |
| | 2~20 km² | ≥1∶1 万 | ≥1∶1 万 | ≥1∶2.5 万 |
| | ≤2 km² | ≥1∶5 000 | ≥1∶5 000 | ≥1∶1 万 |
| 长度 | ≥100 km | ≥1∶25 万 | ≥1∶25 万 | ≥1∶25 万 |
| | 50~100 km | ≥1∶10 万 | ≥1∶10 万 | ≥1∶25 万 |
| | 10~50 km | ≥1∶5 万 | ≥1∶10 万 | ≥1∶10 万 |
| | ≤10 km | ≥1∶1 万 | ≥1∶1 万 | ≥1∶5 万 |

（三）图形整饬规范

生态影响评价图件应符合专题地图制图的整饬规范要求，成图应包括图名、比例尺、方向标/经纬度、图例、注记、制图数据源（调查数据、实验数据、遥感信息源或其他）、成图时间等要素。

# 第五节　生态评价技术要点

## 一、生态评价工作等级判定

由于尚无公路建设项目环境影响评价技术导则（截至 2020 年），《环境影响评价技术导则 生态影响》（HJ 19—2011）是公路工程判定生态评价工作等级的唯一依据（详见表 3.1.2）。实际工作中，因一般区域无生态敏感区的评价对象，即评价内容受限，往往结合公路工程特点、影响区域的生态敏感性，按照不同评价等级的技术要求进行分段评价；涉水工程可针对陆生生态、水生生态分别确定评价工作等级。这与 2019 年 10 月 9 日生态环境部发布的《环境影响评价技术导则 生态影响（征求意见稿）》中的部分评价工作分级要求基本一致。

判定公路工程生态评价工作的等级时，长度上应将主体工程的主线、支线、连接线的长度之和作为判断依据，占地面积上应将永久占地、临时占地之和作为判断依据，最终以公路长度、占地面积判断出的生态评价工作等级较高者作为最终生态评价工作等级。

## 二、生态评价范围界定

生态评价范围包括生态现状调查评价范围和生态影响评价范围。实际工作中，生态评价范围一般指生态影响评价范围，生态现状调查评价范围简称为生态调查范围，生态现状调查应在收集资料的基础上开展现场工作，生态现状调查的范围应不小于评价工作的范围，即生态调查范围应覆盖生态评价范围。由于我国地域广阔，生态系统类型多样，项目与生物地球化学循环过程的相互作用关系复杂，难以给出一个具体的评价工作范围去规范不同地域和不同类型的项目。因此，生态影响评价范围应依据相应的评价工作等级和具体行业导则要求，采用弹性与刚性相结合的方法确定。

## （一）评价范围确定的依据

《环境影响评价技术导则 生态影响》（HJ 19—2011）规定："生态影响评价应能够充分体现生态完整性，涵盖评价项目全部活动的直接影响区域和间接影响区域。评价工作范围应依据评价项目对生态因子的影响方式、影响程度和生态因子之间的相互影响和相互依存关系确定。可综合考虑评价项目与项目区的气候过程、水文过程、生物过程等生物地球化学循环过程的相互作用关系，以评价项目影响区域所涉及的完整气候单元、水文单元、生态单元、地理单元界限为参照边界。"

交通部发布的《公路建设项目环境影响评价规范》（JTJ 003—2006）规定："1 三级评价范围为公路用地界外不小于 100 m。二级评价范围为公路用地界外不小于 200 m。一级评价范围为公路用地界外不小于 300 m。当项目的建设区域外有高陡山坡、峭壁、河流等形成的天然隔离地貌时，评价范围可以取这些隔离地物为界。2 省级及以上自然保护区的实验区划定边界距公路中心线不足 5 km 者，宜将其纳入生态环境现状调查范围，并根据调查结果确定具体评价范围。3 对于受工程建设直接影响的原生、次生林地，应以其植物群落的完整性为基准确定评价范围。"

2019 年 10 月 9 日生态环境部发布的《环境影响评价技术导则 公路建设项目》（征求意见稿）："一级评价路段评价范围不小于公路永久及临时用地界外 300 m，二级评价路段评价范围不小于公路永久及临时用地界外 200 m，三级评价路段评价范围不小于公路永久及临时用地界外 100 m。"《环境影响评价技术导则 生态影响》（征求意见稿）："生态影响评价应能够充分体现生态完整性，涵盖评价项目全部活动的直接影响区域和间接影响区域……对于公路、铁路等线性工程，一级评价中针对陆生野生动物的评价范围不小于线路两侧各 2 公里范围。"

此外，对于涉及不同类型自然保护地的生态评价，也有诸多相关技术规范和编制指南对其生态评价范围提出了要求。

## （二）评价范围确定的原则

### 1. 维护生态完整性原则

项目区的生态完整性，就是项目区所在区域整体的生态环境状况。工程实施后，生态影响不仅限于工程区内，还会影响整个区域的生态环境。因此，在确定评价范围时，还要考虑项目区周边的生态状况，并把周边可能影响项目区生态状况的区域放到评价范围内。主要体现在如下两个方面：

（1）要包括邻近的生态系统。

如项目位于群落交错区附近时，生态环境比较优越，此时相邻的两个或多个生态系统同时决定着该区域的生态质量，因此评价范围应尽量包括这些生态系统。例如，位于沙漠中绿洲内的项目，应把部分沙漠包括进评价范围中；位于草原内的项目，应把草原内的林斑、湖泊包括进评价范围中；位于林地附近农田内的项目，也应把部分林地包括进评价范围中。

（2）要包括和工程间接相关的区域。

有的区域不位于施工区，但工程运行后会对其产生间接影响，这些区域也要包括进来。例如，位于生物多样性较高的林地外侧的公路工程，其施工运营也可能对林地内的野生动物及其栖息地产生明显的噪声干扰，因此应把这部分陆域包括进评价范围中。

### 2. 保护敏感生态目标的原则

保护敏感生态目标是生态影响评价的主要目的之一，也是确定生态评价范围的基本原则。如果工程区附近有重点保护野生动物栖息地、重点保护植物等敏感生态目标，应将其划入评价范围内，这样才能对其进行预测并提出切实可行的保护措施。

### 3. 生态因子相关性原则

任何一个健康的、完整的生态系统，必然是多要素相互作用的有机整体，而不是多个物种的简单叠加。因此，一个工程实施后，可能会引起多个生态因子的连锁反应，故确定评价范围时，要充分考虑生态因子间的相关性，直接或间接受到影响的生态因子都应包括在评价范围内。例如，由于食物链和食物网的原因，一个物种受损，可能会影响生态系统内的多个物种，为此要把和这个物种相关的其他物种的栖息地也包括到评价范围中。

### 4. 大小适宜性原则

评价范围要大小适当。范围过小，可能漏掉敏感生态因子；范围过大，不仅增加工作量，还可能忽略了和工程直接相关的生态因子，弱化生态影响强度，导致评价结果不够准确。因此，评价范围不能过大或过小，要以满足评价为宜。

## （三）评价范围确定的要点

### 1. 无生态敏感区

乡村公路项目、低等级道路改建项目等规模较小的公路项目，项目区生态系统结构简单，人类活动频繁，这些项目一般不会涉及生态敏感区，其生态影响往往是局部的、暂时的、可恢复的。对于这些工程，生态评价工作等级为三级，评价范围可从工程区边界向外扩展一定距离即可，以 100～200 m为宜。

### 2. 有生态敏感区

对于新建 30 km 以上的三级及以上等级公路，一般规模较大、路线较长，受公路网规划要求、地形条件、工程技术指标等限制，很难避开生态敏感区，其生态影响往往是非局部的、长期的、较难恢复的。划定这些项目的生态评价范围要复杂一些，一个最基本的要求就是必须能够满足生态敏感区保护的需要。评价范围一般包括整个法定保护区域，如果保护区域的面积特别大，则可只包括和工程相关的部分区域。下面针对一些生态敏感区逐类进行分析：

（1）重点保护野生动物：根据种群生存力（PVA）和最小可存活种群（MVP）的相关理论，计算出最小可存活种群数量及所需的栖息地面积，参考此面积确定评价范围。评价范围内至少要包括受保护物种种群完整的栖息地（如觅食地、饮水地、繁殖地、育幼地等），必要时还要包括其迁徙通道。

（2）重点保护植物：如国家和地方发布的重点保护野生植物、珍稀濒危野生植物等。

（3）稀有生物群落：如原始森林、红树林、珊瑚等，要以该群落自维持的最小面积来确定。

（4）重要生境：如河流源头区、重要湿地、鱼虾产卵场、天然渔场、高山泥藓草甸、感潮河段、高原湖泊等，要根据资源特性和资源承载力维护所需最小面积确定。

### （四）公路工程常规生态评价范围的确定

在水生生态不敏感的区域，水生生态影响一般较小，水生生态评价范围可同陆生生态评价范围；在水生生态较敏感的区域，水生生态影响一般较大，水生生态评价范围建议参照《环境影响评价技术导则 地表水环境》（HJ 2.3—2018）。

根据各类相关技术导则、技术规范、编制指南，结合公路工程线性特点和实际工作要求，新建的公路工程陆生生态评价范围按评价工作等级一般分为如下三级（原路改建的公路工程项目可参照并适当缩减）。

### 1. 一级评价

（1）主体工程区：在地形较复杂的山区，以公路中心线两侧外扩500 m～1 km；在平原、高原等地势平坦地区，不小于公路中心线两侧各

2 km范围。具体范围可结合明显的地理单元（山脊）、水文单元（江河）、生态单元（生态系统、群落）界限为参照边界适当缩小或扩大评价范围，尤其是在峡谷地区。

（2）临时工程区：一般以弃渣（土）场、施工道路、施工生产生活区（各施工区、生产区、办公区）、取土场等临时工程界外扩不小于300 m。

2. 二级评价

（1）主体工程区：在地形较复杂的山区，以公路中心线两侧外扩200～500 m；在平原、高原等地势平坦地区，以公路中心线两侧外扩1～2 km。具体范围可结合明显的地理单元（山脊）、水文单元（江河）、生态单元（生态系统、群落）界限为参照边界适当缩小或扩大评价范围，尤其是在峡谷地区。

（2）临时工程区：一般以弃渣（土）场、施工道路、施工生产生活区（各施工区、生产区、办公区）、取土场等临时工程界外扩不小于200 m。

3. 三级评价

（1）主体工程区：在地形较复杂的山区，以公路中心线两侧外扩100～200 m；在平原、高原等地势平坦地区，以公路中心线两侧外扩500 m～1 km。具体范围可结合明显的地理单元（山脊）、水文单元（江河）、生态单元（生态系统、群落）界限为参照边界适当缩小或扩大评价范围，尤其是在峡谷地区。

（2）临时工程区：一般以弃渣（土）场、施工道路、施工生产生活区（各施工区、生产区、办公区）、取土场等临时工程界外扩不小于100 m。


## 三、生态现状调查方法要点

### （一）植被样方和调查样线

植被和野生动物调查应选择不同的植被类型（或生境类型）布设调查样方、样线，调查结果应能代表影响区域内的物种多样性水平和空间分布特征。生态现状实地调查主要采用样线与样方相结合，或以与主要保护对象生物学特征相适应的方式开展。

对于样方调查，调查范围不宜过大，一般控制在2倍的评价范围内。调查范围内的植物样方应尽可能覆盖每种植物群系，项目占用的植物群系类型原则上须设置至少1个样方。植被样方大小可按建群种的类型和群落特征灵活布置。乔木按10 m×10 m或20 m×20 m设置，带状林地可按林带实际状况布设，如 20 m×5 m、40 m×10 m；林内可按品字形设置 5 m×5 m 的灌木样方 3 个、按四角和中心点设置 1 m×1 m 的草本样方 5 个。灌木按 5 m×5 m 设置，其内按四角和中心点设置 1 m×1 m 的草本样方 5 个。草本按 1 m×1 m 或 2 m×2 m 设置，高度大于 2 m 的草本层可按 5 m×5 m 设置。

对于样线调查，调查范围可适当扩大。评价区内的样线抽样比例一般不低于 1 km/1 km²，样线海拔范围应覆盖公路工程线位海拔范围、评价区所有的植被类型，并尽可能到达评价区的最高和最低海拔高度。

公路工程不同路段的生态现状差异一般较大，在自然植被稀疏或未分布的地区进行样方调查是没有意义的，故样方调查不应盲目追求沿公路路线分布的均一性，也不应盲目要求样方的数量需与建设里程满足某一比例关系。但样线分布应重视全线的均一性、覆盖度，以验证评价区本底资料的真实性、可靠性。在地势险要、人力难及的深山地区，常规样方、样线实地调查可行性较低，可充分利用已有科研学术、科考、专著等调查成果，结合无人机航拍、遥感技术，开展生态现状调查。

大多山区线性工程建设项目，如高等级公路工程、管线工程，涉及地域范围广、地形复杂，布设样方、样线全面调查的可行性低，尤其是在地势险要、人力难及的深山地区。生态评价有关技术导则也未明确要求以样方、样线形式全面调查全线生态现状。因此，采用典型抽样调查与资料查阅相结合的方式开展生态现状调查是合理可行，并受生态评价有关技术导则及行业审查认可的调查方式。采用典型抽样调查与资料查阅相结合的方式开展生态现状调查，应注重抽样的代表性和典型性、资料的真实性。穿越生态敏感性较强地区的生态现状调查，应尽量采用布设样方、样线的方式进行实地调查，确需引用有关资料的应甄别资料的真实性及权威性。

总体而言，生态现状调查样方布设点位、数量主要取决于评价区的生态现状特点，与公路工程的建设里程无必然关系。生态环境现状调查样方、样线布设应具有代表性、真实性、可行性，调查点位、线位覆盖评价区主要植被类型，能代表影响区域内的物种多样性水平和空间分布特征。

（二）水生生物调查断面

水生生物调查断面和站位布设主要应遵循控制性、代表性原则，在涉水施工活动强度较大的区域，应增加调查断面和站位的布设密度。

（三）生物量等生态评价指标测算

在众多生物量测算的专业技术方法、技术导则中，为满足学术科研精度要求，往往要求对植被生物量采用收获法进行实测。不可否认，收获法是最能准确测算某个地区植被生物量的方法。但从较大空间尺度来看，在同一个地区或同一个气候区，同种植被类型的生长状态一般是相近的，即生物量水平基本一致。而我国各个地区已有大量因可研学术需要采用收获法实测、公开发表的各植被类型的生物量数据；或采用建立模型，结合遥感影像分析，较精准的各植被类型生物量估算数据；或同地区其他建设项目已采用收获法实测取得了较准确的生物量数据。

公路工程等建设项目生态评价服务于建设项目对生态影响的预测和分析，对数据精度的要求相对较低，完全不同于学术科研。若建设项目生态评价均主要采用收获法进行植被生物量测算，在非施工图阶段收获实测往往很难控制在项目用地红线内，反而可能导致重大生态破坏，尤其是在生态服务功能较重要的林区。

因此，大量学术科研或建设项目取得的生物量调查成果已基本能满足公路工程等建设项目生态评价需求，为降低公路工程等建设项目的生态影响，宜优先考虑采用已有的生物量调查成果开展生态评价的生物量测算，无相关调查成果时方宜采取收获法进行实测。林木蓄积量、生产力等其他生态评价指标亦是如此。

## 四、生态评价成果的表达

生态评价成果的表达方式分为文本、表格、图件三种形式。表格包括插表、附表。图件包括插图、附图。文本表达指用文字描述评价区的生态现状、建设项目可能产生的生态影响，以及针对不良影响拟采取的生态保护措施。有时，单凭文本表达需用大量篇幅才能描述清楚某种现状或问题，甚至还无法描述清楚，此时需以图表形式简练、直观地进行表达。

生态评价成果包括生态现状调查成果、生态现状评价成果及生态影响评价成果。生态评价成果的表达均应遵循"真实、严谨、客观评价，内容全面、言简意赅、突出重点，文、图、表并茂"的原则。生态评价成果表达时，文本、表格、图件的使用需注意以下三点。

（1）真实、严谨、客观评价。

基于真实调查，用词严谨、规范，结合生态学原理，进行客观陈述和评价，是生态评价的根本要求。重要调查或评价结论应明确得出有关结论的主要依据，尤其是引用项目勘察设计成果、有关科研学术成果、有关专题报告等重要内容，并采用肯定语气表达的。此外，还应勤校核检查，确保文本、表格、图件表达内容的一致性，避免产生歧义、内容互相矛盾等基础错误，尤其是土地利用类型、植被类型、生态系统类别等的分类，以及生物物种名称应按相关学科专业或标准规范分类，并确保图件与文本、表格保持一致。

生态评价单位作为公路工程等建设项目建设过程中的技术咨询机构，在生态评价中注重生态评价成果表达的真实、严谨、客观，既是技术咨询机构职业素质、技术能力水平的体现，也是对技术咨询机构自身合法权益的技术保障。很多情况下，受相对有限的资源投入、技术条件限制，规划部门、技术咨询机构、设计单位、施工单位、建设单位和各审批部门在公路工程规划、设计、建设和运营时的决策依据与实际情况可能存在偏差，进而可能导致公路工程的实际生态影响与预测分析存在较大差异。如涉及地域范围广、地形复杂的高等级公路工程在地势险要、人力难及的深山地区，桥隧比高，通过布设样方、样线进行全面的生态现状调查的难度大、可行性低，数据缺乏、信息不对称等影响典型抽样调查与资料查阅相结合取得的调查结果准确性的不确定因素增加；此时，生态评价除了须对抽样的代表性和典型性、资料的真实性提出更高要求，还应注重生态评价成果表达的真实、严谨、客观，在明确重要调查或评价结论时，也明确得出有关结论的主要依据，为规划部门、审批部门等决策方提供真实、客观、清晰的决策依据。

（2）内容全面、言简意赅、突出重点。

调查评价内容全面，涵盖永久占地、临时占地内的全部工程内容，尤其应注意避免遗漏服务设施、管理设施、连接线、附属改建工程、临时工程等主体工程以外的建设内容。

重要生态评价成果，除必要的详细文本描述外，还应呈现直观的图表；非重要生态评价成果，只作简要文本描述，应避免大篇幅阐述，并避免表格、图件重复表达。

文本表达应重点介绍生态现状调查方法和调查结果、生态现状评价成果、生态影响评价成果、生态保护措施，明确并突出调查和评价的结论，避免非必要的科普、教学、释义性质的内容；穿越生态敏感性较强地区的生态现状调查，应充分说明调查样方、样线的布设情况及其代表性。

（3）文、图、表并茂。

生态评价成果的表达，除了报告文本描述，还应充分采用表格、图件相结合的方式。表格包括插表、附表，应用词简练，主要呈现关键字、关键内容；图件包括插图、附图，应制图规范、内容直观、突出重点，尽量不附与表达内容无关的元素，且须要素齐全，至少需含图名、比例尺、方向标（指北针）、经纬度、图例。

# 第四章　公路工程主要生态影响及保护措施

本章生态影响及保护措施均围绕植物、动物、水生生物及生态系统等生态评价对象开展。在生态敏感性较高的生态敏感区，因涉及重要野生动植物生境（栖息地）质量保护，故需分析公路工程对野生动植物生境质量的影响并提出保护措施，不可避免地涉及地表水环境、大气环境、声环境等非生物类环境因子相关内容，但其不同于环境影响评价中以人为中心开展的地表水环境、大气环境、声环境等环境要素的环境质量影响评价。

## 第一节　公路工程主要生态影响

如第三章介绍，生态环境按受影响区域的生态敏感性可分为特殊生态敏感区、重要生态敏感区和一般区域。项目地生态敏感性不同，所产生的具体影响不同，针对不同影响所采取的生态保护措施也随之改变。根据项目地生态敏感性不同，本节按生态敏感区、一般区域两类对公路工程主要生态影响进行分析。

### 一、一般区域公路工程主要生态影响

一般区域是指除特殊生态敏感区和重要生态敏感区以外的其他区域。在生态敏感性一般的区域，无国家公园、自然保护区、世界文化和自然遗产地、风景名胜区、森林公园、地质公园、湿地公园、重要湿地、原始天然林、珍稀濒危野生动植物天然集中分布区、重要水生生物的自然产卵场及索饵场、越冬场和洄游通道、天然渔场等各类生态敏感区分布；自然植被覆盖率较低，尤其是森林植被，植被类型以区域广泛分布的类型为主；野生动物种类和数量较少，无或稀重点保护物种，无珍稀野生保护动物栖息地分布；鱼类等水生生物以区域广泛分布物种为主，无或稀重点保护物种，水生生物

生境（地表水环境）质量不高；人类活动频繁，农田生态系统、城镇生态系统占主导地位。

一般区域的生态影响总体较小，生态保护目标以生态敏感性较低的常规生态保护目标为主，如少量珍稀野生保护植物植株或珍稀野生保护动物个体、古树、名木、永久基本农田、基本草原、公益林与保护林地，通过简易措施加以预防、恢复和替代即可有效避免、控制和减缓对生态保护目标的不良影响。

公路工程的路面、排水系统、防护工程、沿线设施等其他结构大多均基于路基及边坡、桥梁工程、隧道工程建设实施，而临时工程、管理设施、服务设施用地性质和环境影响途径与路基工程相近，因此将公路工程对生态环境的影响归结为路基及边坡、桥梁工程、隧道工程三大工程类别对生态环境的影响。

一般区域公路工程施工期、运营期主要生态影响情况分析见表4.1.1、表4.1.2。

表4.1.1 一般区域公路工程施工期主要生态影响情况分析表

| 工程类别 | 影响方式 | 主要生态保护目标 | 影响程度 |
|---|---|---|---|
| 路基及边坡（含临时工程、管理/服务设施） | 占地最大的工程形式，尤其是边坡开挖；永久占地和临时占地（尤其是弃渣场、取土场）对地表植被、野生动物栖息地产生直接破坏，并影响自然生态景观；施工人员活动、施工机械噪声、运输作业对野生动物生命活动产生直接干扰，甚至造成伤亡；施工生产生活废水排放、地表开挖造成水土流失加剧等对地表水环境造成影响，进而对鱼类等水生生物及其生境产生影响 | 少量珍稀野生保护植物植株、珍稀野生保护动物个体、古树、名木、永久基本农田、基本草原、公益林与保护林地等 | 较大 |
| 桥梁（含临时工程） | 占地较小的工程形式；永久占地和临时占地对地表植被、野生动物栖息地产生直接破坏，并影响自然生态景观；施工人员活动、施工机械噪声、运输作业对野生动物生命活动产生直接干扰，甚至造成伤亡；桥梁（含施工便桥）跨越水体，涉水桥墩对河流等地表水体的直接占用造成水生生物数量和生境减少；涉水和临水施工作业对水体的扰动、施工设备作业噪声、施工人员活动对鱼类等水生生物的生命活动产生直接干扰，甚至造成伤亡，尤其是涉水桥墩施工 | | 较小 |
| 隧道 | 占地最小的工程形式；主要为少量隧道口永久占地（部分存在斜井口、竖井口、施工横洞口）和临时占地（尤其是弃渣场）对地表植被产生直接破坏，并影响自然生态景观；施工人员活动、施工机械作业噪声和爆破振动、运输作业对野生动物生命活动产生直接干扰，甚至造成伤亡；隧道涌水可能对地表水环境造成污染，进而对鱼类等水生生物及其生境产生影响，也可能对地表植被生长产生影响，并影响自然生态景观 | | 很小 |

注：工程类别中，隧道不包括棚洞，影响程度均指未考虑采取生态环境保护措施情

况下的生态影响程度。

表 4.1.2　一般区域公路工程运营期主要生态影响情况分析表

| 工程类别 | 影响方式 | 主要生态保护目标 | 影响程度 |
|---|---|---|---|
| 路基及边坡（含管理/服务设施） | 路基及边坡永久用地对野生动物生命活动产生交通阻隔；车辆通行可能对部分野生动物造成直接碾压伤亡，主要是两栖类、爬行类；交通噪声、交通扬尘、夜间灯光对野生动物生命活动产生干扰；交通扬尘、夜间灯光对植被呼吸作用、光合作用产生干扰；改变区域局部自然景观 | 少量珍稀野生保护植物植株、珍稀野生保护动物个体；古树、名木、永久基本农田、基本草原、公益林与保护林地等 | 对自然植被、景观影响一般较小；对野生动物的影响，因受影响种类、习性和数量的不同而不同 |
| 桥梁 | 车辆通行可能对部分野生动物造成直接碾压伤亡，主要是两栖类、爬行类；交通噪声、交通扬尘、夜间灯光对野生动物生命活动产生干扰；交通扬尘、夜间灯光对植被呼吸作用、光合作用产生干扰；改变区域局部自然景观；交通噪声和振动对鱼类等水生生物生命活动的干扰；桥面径流流入地表水体，影响水生生物生境；危险化学品流入地表水体的风险事故，造成鱼类等水生生物伤亡并污染水生生物生境质量 | | 仅风险事故对水生生态影响较大，其他影响一般较小 |
| 隧道 | 部分隧道斜井口、竖井口、施工横洞口可能对野生动物生命活动产生干扰，并改变区域局部自然景观 | | 很小 |

注：工程类别中，隧道不包括棚洞，影响程度均指未考虑采取生态环境保护措施情况下的生态影响程度。

由表 4.1.1、表 4.1.2 可知，无论是在施工期还是在运营期，公路工程的路基及边坡、桥梁工程、隧道工程三大工程类别中，路基及边坡的生态影响最大，其次是桥梁工程，隧道工程的生态影响最小；在未采取生态环境保护措施情况下，一般区域的公路工程施工建设会对生态环境造成一定影响，不良影响主要由施工永久占地和临时占地引起，尤其是路基及边坡（含临时工程、管理/服务设施）占地产生的影响。

在一般区域，永久基本农田、基本草原、公益林与保护林地往往最为常见，且具有面积大、分布广的特点，可通过优化工程形式（以桥代路、收缩边坡）、优化临时工程和管理/服务设施选址，有效减少对其的占用；珍稀野生保护植物、珍稀野生保护动物、古树、名木一般无分布，或仅有少数个体呈点状分布，一般通过加强施工管理、优化施工布局、合理安排施工时序、小规模植物移栽等措施即可有效避免和减缓对其的不良影响；在无生态保护目标的区域，受影响的自然植被、野生动物数量相对有限，受影响的物种也均为区域常见物种，通过景观绿化、边坡防护、植被恢复等常规性生态保护措施即可有效控制和减缓所产生的不良影响。

总体而言，在生态敏感性较低的一般区域，受公路工程的建设和运营影响的生态保护对象成分简单，通过常规性生态保护措施即可有效避免、控制和减缓不良生态影响，总体生态影响较小。

## 二、生态敏感区公路工程主要生态影响

在生态敏感性较高或很高的生态敏感区往往分布有国家公园、自然保护区、风景名胜区、森林公园、湿地公园等各类自然保护地，或重要湿地、原始天然林、珍稀濒危野生动植物天然集中分布区、重要水生生物的自然产卵场及索饵场、越冬场和洄游通道、天然渔场等；自然植被覆盖率较高，尤其是森林植被，地表水、大气环境、声环境等质量较高，人类活动较少；生物多样性较高，常有较多的珍稀保护野生动植物种群、栖息地分布；森林生态系统、灌丛生态系统、草地生态系统、湿地生态系统等自然生态系统占主导地位。

公路工程涉及生态敏感区时，生态保护目标除了生态敏感性较低的常规生态保护目标，更重要的是评价区涉及的自然保护地，尤其是项目穿越占用的自然保护地。在生态敏感区内，往往对项目选线、工程形式、施工布局和施工组织有较高的环保要求，须经设计和施工优化后，再采取针对性的防护措施加以预防、控制、减缓、恢复和补偿，方可有效避免、控制和减缓对生态敏感区的不良影响。

根据各生态敏感区的保护对象一般可分为陆生野生动植物及其生境（陆生生态系统）、水生生物及其生境（水生生态系统）、自然景观和人文景观三大类。公路项目穿越各生态敏感区的工程形式不同、保护对象类型不同，由此对各生态敏感区产生的影响方式不同，影响程度也不同。

公路工程施工期、运营期对各类生态敏感区的主要生态影响情况分析见表4.1.3、表4.1.4。

**表 4.1.3　公路工程施工期对各类生态敏感区的主要生态影响情况分析表**

| 生态敏感区保护对象类型 | 穿越生态敏感区的主要工程形式 | 影响方式 | 影响程度 | 备注 |
|---|---|---|---|---|
| 陆生野生动植物及其生境（陆生生态系统） | 路基及边坡（含临时工程、管理/服务设施） | 占地最大的工程形式，尤其是边坡开挖；永久占地和临时占地（尤其是弃渣场、取土场）对地表植被、野生动物栖息地产生直接破坏；施工人员活动、施工机械噪声、运输作业对野生动物生命活动产生直接干扰，甚至造成伤亡 | 较大 | 主要为国家公园、自然保护区、森林公园、生态保护红线 |
| | 桥梁（含临时工程） | 占地较小的工程形式；永久占地和临时占地对地表植被、野生动物栖息地产生直接破坏；施工人员活动、施工机械噪声、运输作业对野生动物生命活动产生直接干扰，甚至造成伤亡 | 较小 | |
| | 隧道 | 占地最小的工程形式；主要为少量隧道口永久占地（部分存在斜井口、竖井口、施工横洞口）和临时占地（尤其是弃渣场）对地表植被产生直接破坏；施工人员活动、施工机械作业噪声和爆破振动、运输作业对野生动物生命活动产生直接干扰，甚至造成伤亡；隧道涌水可能对地表植被生长产生影响 | 很小 | |
| 水生生物及其生境（水生生态系统） | 路基及边坡（含棚洞、临时工程、管理/服务设施） | 施工生产生活废水排放、地表开挖造成水土流失加剧等对地表水环境的影响，进而对鱼类等水生生物及其生境产生影响 | 较大 | 主要为珍稀水生动物自然保护区、湿地公园、水产种质资源保护区、生态保护红线 |
| | 桥梁（含临时工程） | 桥梁（含施工便桥）跨越水体，涉水桥墩对河流等地表水体的直接占用造成水生生物数量和生境减少；涉水和临水施工作业对水体的扰动、施工设备作业噪声、施工人员活动对鱼类等水生生物的生命活动产生直接干扰，甚至造成伤亡，尤其是涉水桥墩施工 | 随涉水工程规模和数量不同而不同 | |
| | 隧道 | 隧道涌水可能对地表水环境造成污染，进而对鱼类等水生生物及其生境产生影响 | 视隧道涌水情况而定 | |

| 生态敏感区保护对象类型 | 穿越生态敏感区的主要工程形式 | 影响方式 | 影响程度 | 备注 |
|---|---|---|---|---|
| 自然景观和人文景观 | 路基及边坡（含棚洞、临时工程、管理/服务设施） | 占地最大的工程形式，尤其是边坡开挖；永久占地和临时占地（尤其是弃渣场、取土场）会对以植被为主的地表景观产生直接破坏，从而影响自然生态景观 | 较大 | 主要为世界文化自然遗产、风景名胜区、地质公园、生态保护红线 |
| | 桥梁（含临时工程） | 占地较小的工程形式；永久占地和临时占地会对以植被为主的地表景观产生直接破坏，从而影响自然生态景观 | 较小 | |
| | 隧道 | 占地最小的工程形式；主要为少量隧道口永久占地（部分存在斜井口、竖井口、施工横洞口）和临时占地（尤其是弃渣场）会对以植被为主的地表景观产生直接破坏，从而影响自然生态景观；隧道涌水可能对地表植被生长产生影响，从而影响自然生态景观 | 很小 | |

注：工程类别中，隧道不包括棚洞，影响程度均指未考虑采取生态环境保护措施情况下的生态影响程度。

表 4.1.4　公路工程运营期对各类生态敏感区的主要生态影响情况分析表

| 生态敏感区保护对象类型 | 穿越生态敏感区的主要工程形式 | 影响方式 | 影响程度 | 备注 |
|---|---|---|---|---|
| 陆生野生动植物及其生境（陆生生态系统） | 路基及边坡（含管理/服务设施） | 路基及边坡永久用地对野生动物生命活动产生交通阻隔；车辆通行可能对部分野生动物（主要是两栖类、爬行类）造成直接碾压伤亡；交通噪声、交通扬尘、夜间灯光对野生动物生命活动产生干扰；交通扬尘、夜间灯光对植被呼吸作用、光合作用产生干扰 | 随区域受影响的野生植物、动物种类和数量不同而不同 | 主要为国家公园、自然保护区、森林公园、生态保护红线 |
| | 桥梁 | 车辆通行可能对部分野生动物（主要是两栖类、爬行类）造成直接碾压伤亡；交通噪声、交通扬尘、夜间灯光对野生动物生命活动产生干扰，交通扬尘、夜间灯光对植被呼吸作用、光合作用产生干扰 | 随区域受影响的野生植物、动物种类和数量不同而不同 | |
| | 隧道 | 部分隧道斜井口、竖井口、施工横洞口可能对野生动物生命活动产生干扰 | 很小 | |

续表

| 生态敏感区保护对象类型 | 穿越生态敏感区的主要工程形式 | 影响方式 | 影响程度 | 备注 |
|---|---|---|---|---|
| 水生生物及其生境（水生生态系统） | 桥梁 | 交通噪声和振动对鱼类等水生生物生命活动的干扰；桥面径流流入地表水体，影响水生生物生境；危险化学品流入地表水体的风险事故，造成鱼类等水生生物伤亡并污染水生生物生境质量 | 较大 | 主要为珍稀水生动物自然保护区、湿地公园、水产种质资源保护区、生态保护红线 |
| 自然景观和人文景观 | 路基及边坡（含管理/服务设施） | 道路工程占地改变区域局部景观 | 一般 | 主要为世界文化自然遗产、风景名胜区、地质公园、生态保护红线 |
| | 桥梁 | 桥梁工程占地改变区域局部景观 | 一般 | |
| | 隧道 | 隧道口（部分存在斜井口、竖井口、施工横洞口）占地改变区域局部景观 | 很小 | |

注：工程类别中，隧道不包括棚洞，影响程度均指未考虑采取生态环境保护措施情况下的生态影响程度。

根据表 4.1.3、表 4.1.4 分析可知，在未采取生态环境保护措施情况下，涉及生态敏感区的公路工程施工建设对生态敏感区的影响重大，不良影响主要由施工永久占地和临时占地直接或间接引起。因此，对穿越生态敏感区的公路工程均须优化路线方案以避免或减少穿越生态敏感区；优化穿越生态敏感区的工程形式，增大桥隧比、收缩边坡减少永久占地；禁止在各生态敏感区内设置永久或临时排污设施；禁止在国家公园核心保护区、世界自然遗产核心保护区、自然保护区核心区和缓冲区、风景名胜区一级保护区、地质遗迹保护区等法律法规明确禁止建设项目施工的区域内建设施工，在其他功能区开展公路工程建设的需按相关法规要求征求自然保护地主管部门意见，办理相关行政许可后，方可实施建设；对涉及野生动植物多样性丰富的生态敏感区，尤其是有珍稀野生保护动植物分布的地区，应因地制宜开展野生保护植物移栽、动物通道设计、遮光声屏障设计（保护野生动物生境质量）；对涉及以水生生态系统及水生生物为保护对象的生态敏感区应采取大跨径桥型方案避免或减少永久或临时涉水构筑物，并尽量减少临水施工，临水施工需设置施工围挡防护，同时需开展过水路段路面、桥面径流收集系统和风险事故收集池系统专项设计论证等水生生态保护措施；隧道工程区施工期间应开展地下水环境监控；道路景观绿化采用乡土物种配置等生态敏感区保护措施，避免和降低对生态敏感区的不良影响。

涉及生态敏感区的公路工程，经全面、科学分析和预测其建设运营对生态敏感区可能产生的不良影响，再针对具体可能产生的不良影响的路线方案、建设内容、施工组织、施工活动等提出经济和技术可行的预防、控制、减缓、恢复和补偿措施，在取得相关施工行政许可后，方可实施建设。

# 第二节　公路工程主要生态保护措施

某一地区所覆盖的植物群落称为植被，故而对植物的保护措施即是对植被的保护措施。在一定空间内栖居着的所有生物（即生物群落）与其环境共同构成了生态系统，故而对植物、动物、水生生物及非生物类环境因子（即生物生境）的生态保护措施就是对生态系统的生态保护措施。而建设项目对非生物类环境因子的影响最终也将直接或间接作用于植物、动物、水生生物，故对非生物类环境因子的生态保护措施可具体细化为对植物、动物、水生生物的保护措施。因此，生态保护措施分别以植物、动物、水生生物为对象进行开展。

本节主要对公路工程施工期和运营期的主要生态保护措施进行简要归纳和总结。由于工程特点不同、项目地不同、自然地理条件不同、外环境条件不同，所采取的生态保护措施也是存在明显差异的，故各公路工程应因地制宜、因时制宜，有选择地采取针对性生态保护措施。

## 一、植物保护措施

### （一）设计优化措施

（1）公路路线优化选线、临时工程优化选址，应尽量避绕各类以野生动植物为主要保护对象的环境敏感区（如国家公园、自然保护区、森林公园、天然林、重点保护野生植物生长繁殖地、珍稀野生保护植物天然分布区等），不得占用依法划定禁止开发建设的环境敏感区。

（2）优化穿越以植物为主要保护对象的环境敏感区的工程形式，如降低路基、收缩路基边坡、以桥代路、以隧代路、增大桥隧比。

（3）优化施工组织和施工布局，合理控制取弃土场数量、施工便道规模；重点优化在以植物为主要保护对象的环境敏感区内的施工组织、施工布局，并提出相关比选方案，将对植物影响最小的施工组织、施工布局方案作为推荐方案。

（4）对原有公路改建或可替代原有公路交通需求的新建公路，应根据原占用区周边自然植被情况，对不再占用的原有公路用地区域开展植被恢复专项设计，采用乡土植物进行植被恢复。

（二）管理措施

（1）在施工期需加强管理，严格控制项目用地和施工人员活动范围，限制施工人员在项目用地以外的区域活动。

（2）加强对施工期火源、可燃物管理，禁止随意进出林区，尤其是在气候干热地区。

（3）施工进场前需开展施工人员环保培训，提高其生态环境保护意识，禁止破坏项目用地外的地表植被，严惩随意破坏植被等不利于环境保护的行为。

（4）项目用地占用林地、永久基本农田、基本草原等，须按法规要求，办理用地手续，经有关主管部门批准后，方可占用实施建设。

（5）施工前，须加强对区域性分布的重点保护植物及古树名木进行调查，详细调查用地红线内的古树、野生保护植物分布情况，在施工过程中若发现有重点保护对象，应及时上报主管部门，优先采取优化工程方案予以避绕，而后采取围栏防护、挂牌警示等保护措施；确实无法避绕时方可予以移栽，移栽前建设单位应当事先征得野生植物行政主管部门同意，按《四川省野生植物保护条例》有关要求，提交工程审批文件及采集、保护方案。

（6）对重大隧道工程区开展地下水环境监控、隧道顶部植被的生长状况同步监测，避免和减缓隧道施工对隧道顶部植被生长用水造成影响。

（7）禁止向以野生植物为主要保护对象的环境敏感区排放施工期和运营期生产生活废水、固体废弃物等污染物。

（8）在以野生植物为主要保护对象的法定保护地内开展各项施工建设活动须经保护地主管部门批准，在取得相关行政许可手续后方可实施建设。

（9）涉及自然植被法定保护地，并可能对其造成较大影响的，应结合项目对自然植被的影响情况，委托专业技术单位开展植物多样性、森林覆盖率、植被覆盖率等监测。

（10）禁止施工人员及施工车辆、运营期过往车辆携带外来植物，尤其是入侵物种，降低由生物入侵造成的生态风险事故。

（11）运营期，定期检查和维护各陆生植被保护设施。

（三）工程措施

（1）占用耕地的区域，使用前须对其耕作层土壤进行剥离再利用，减少对耕作层的破坏；剥离的表土集中堆放，并要采取土袋挡护坡脚、遮盖等临时防护措施；临时占用耕地的要缩短占用时间，做到边使用、边平整、边绿化、边复耕，在使用完毕后须复垦恢复原种植条件。

（2）占用林地的区域，需根据临时占地植被恢复需求，对用地范围内的木本植物进行移栽，并置于专用场所培育、养护，用作主体工程景观绿化和临时工程植被恢复。

（3）高寒地区植被恢复成活率较低，故占用高寒草甸的区域，施工前应对用地范围内的草甸进行剥离，并置于专用场所培育、养护，用作主体工程景观绿化和临时工程植被恢复。

（4）穿越较大面积天然林，可能涉及较多珍稀野生保护植物时，应委托植物移栽专业技术团队，施工前对项目用地红线内的野生保护植物进行详细逐株调查，明确各保护植物的生活习性、生境条件，就近寻找相似生境作为移栽地，并结合区域气候条件，注重在移栽过程中、移栽后对移栽植株的养护和管理，科学制定野生保护植物移栽方案，依法办理野生保护植物移栽手续；占用珍稀野生保护植物数量较少时，可适当简化移栽方案，但须依法办理野生保护植物移栽手续；野生保护植物未经移栽保护，涉及野生保护植物占用区域不得开工建设。

（5）未占用珍稀野生保护植物但与之临近时，应对评价区内的珍稀野生保护植物采取挂警示保护牌、设置围栏或防护带等工程措施加以保护，避免施工人员及施工活动对其破坏干扰。

（6）涉及重大隧道工程开挖，须采取对工作面超前预注浆、布置超前水平钻孔探测、"以堵为主、限量排放"等工程措施，并对重大隧道工程区开展地下水环境监控、隧道顶部植被的生长状况同步监测，避免和减缓由于隧道施工导致隧道顶部地下水输干进而影响隧道顶部植被的生长。

（7）施工过程严格落实主体工程区、弃渣场、取土场、施工道路和施工生产生活区等项目用地范围内的土袋拦挡、土工布、无纺布、防雨布等拦挡、遮盖，以及土夹石开挖与回填、砂浆抹面、表土剥离等水土保持措施。

（四）植被恢复措施

在施工迹地裸露的地表栽种植物，使其恢复成原有土地利用类型或特定植被类型，以减缓和补偿公路工程施工建设对植被破坏造成的生态系统生物量、生产力损失和生态系统服务功能的降低。植被恢复主要应用于公路绿化带和边坡的景观绿化、临时工程的生态恢复；对于公路改建项目，一般还涉及原有道路的植被恢复。植被恢复主要有复垦、造林、撒籽三种形式。

在生态保护措施中，复垦指将占用的土地开垦为耕地进行再生利用，主要针对临时占地；造林指对占用的土地以林地的形式再生利用，主要针对绿化带和临时占地；撒籽指对占用的土地撒播草籽、灌籽以灌丛或草地的形式再生利用，主要针对边坡和临时占地。

植被恢复措施技术要点主要有以下四点。

**1. 恢复时间**

（1）施工迹地使用结束后，应及时开展公路绿化带和边坡的景观绿化、临时工程的植被恢复，避免长时间裸露。

（2）根据植物物候，选定适宜的季节（发芽率、成活率高）开展撒播草籽、栽植苗木等培育工作。

**2. 物种选择**

（1）应采用乡土植物物种，不得引入外来物种。

（2）应根据当地原有自然植被类型的群落结构，充分考虑项目地气候条件，采用草本、灌木、乔木相结合的复合结构进行植被恢复，确保植物物种多元化，涵盖不同物候，避免物种单一；在高寒地区或干旱地区，优先选用耐寒或耐旱的先锋物种。

**3. 前期准备**

在气候湿润、水热条件良好的地区，植被恢复效率较高，已有较成熟的社会经济和技术条件，并形成了市场经济。在高寒、干旱等气候条件较恶劣的地区，植被恢复成活率低，社会经济和技术条件不足，故植被恢复前期工作主要针对该类地区。

（1）在施工前，建设单位应确定并委托植被恢复专业技术单位制定详细的植被恢复方案。

（2）在施工准备期和施工期，应在项目地采集植物种子（以草本植物为主），并选定苗木基地培育目标木本植物，备用于植被恢复，以确保在各临时用地使用结束时，有充足的草种和苗木，以便及时开展植被恢复工作。

（3）在高寒、干旱等气候条件较恶劣的地区，植被恢复困难，为提高植被恢复效率、节约经济成本，应优先考虑剥离或移栽项目用地范围内的原有植被，并置于专用场所培育、养护，用于植被恢复。

### 4. 管理养护

受视距影响，公路工程绿化带和边坡的植被恢复一般较好，临时工程的植被恢复效率往往较低，易形成荒草地。因此，植被恢复需注重管理养护，确保植被恢复的有效性，尤其是在气候条件恶劣的高寒地区。

植被恢复的管理养护主要包括灌溉排水、低温防寒、补植、施肥、病虫害防治等，在气候条件恶劣的高寒地区应重点关注低温防寒、补植。低温防寒，即低温冻害防控，指应科学浇灌防冻水和返青水、合理施越冬肥、提前喷施"控梢剂"等生理化学措施，以及根颈培土、树干缠绕保温材料、树干涂白等物理防护措施；补植，即每年对死亡植株及时补植。

## 二、动物保护措施

### （一）设计优化措施

（1）公路路线优化选线、临时工程优化选址应尽量避绕各类以野生动物为主要保护对象的环境敏感区（如国家公园、自然保护区、风景名胜区、森林公园、天然林、重点保护野生动物栖息地等），不得占用依法划定禁止开发建设的环境敏感区。

（2）优化穿越以野生动物为主要保护对象的环境敏感区的工程规模和工程形式，严控道路等级和规模，穿越路段还应通过收缩路基边坡、以桥代路、以隧代路、增大桥隧比等形式节约占地。

（3）穿越动物多样性丰富地区路段的工程形式应结合野生动物生活习性优化结构设计，如具有动物通道功能的桥涵孔洞尺寸应满足野生动物通行需求、隧道洞口（含通风洞口）应设计围挡设施。

（4）优化在以野生动物为主要保护对象的环境敏感区内的施工组织、施工布局，并提出相关比选方案，将对野生动物影响最小的施工组织、施工布局方案作为推荐方案。

### （二）管理措施

（1）施工进场前需开展施工人员环保培训，提高其生态环境保护意识，禁止以任何形式捕杀、伤害野生动物，严惩蓄意伤害野生动物等不利于环境保护的行为。

（2）优化施工时段。避免晨昏施工作业，避免夜间施工；隧道爆破和高噪声设备作业时间段应尽量集中，尤其应减少隧道爆破作业频次。

（3）加强施工监督与管理，严格落实环境影响评价文件提出的地表水污染防治、大气环境污染防治、固废污染防治等环境保护措施，营造良好的野生动物生境条件。

（5）禁止向以野生动物为主要保护对象的环境敏感区排放施工期和运营期生产生活废水、固体废弃物等污染物。

（6）在以野生动物为主要保护对象的法定保护地内开展各项施工建设活动须经保护地主管部门批准，取得相关行政许可手续后方可实施建设。

（7）涉及野生动物法定保护地，并可能对其造成较大影响的，应结合项目对野生动物的影响情况，委托专业技术单位开展野生动物多样性、野生动物生境质量监测。

（8）禁止施工人员及施工车辆、运营期过往车辆携带外来动物，尤其是入侵物种，降低生物入侵造成的生态风险事故。

（9）在野生动物多样性丰富地区的专用公路，应因地制宜、因时制宜、因需制宜，根据主要保护对象生活史、生境环境、道路功能和性质，开展道路景观绿化专项设计，并采取交通管制、火险监控、野生动物保护监控等措施，控制对野生动物生境的不良影响，如自然保护地专用公路的道路等级和规模满足管理需求即可，不得过度开发建设，且运营期须严格控制道路交通量，甚至应考虑拒绝对外开放，尤其是在夜间。

（10）运营期，应定期检查和维护各野生动物保护设施。

（三）工程措施

（1）在野生动物多样性较丰富的地区，各施工场地边界应设置临时声屏障，降低施工作业对野生动物的干扰。

（2）在穿越野生动物多样性较丰富的路段，应加密道路绿化带，减缓交通噪声和车辆夜间灯光对野生动物的不利影响。

（3）各施工场地需设置野生动植物保护宣传牌，重点突出对区域主要保护对象的介绍和保护。

（4）在穿越野生动物多样性较丰富的路段，须环隧道口连接路基及边坡、桥梁路段设置防护栏和隔离网，其规格尺寸应能阻隔野生动物进入公路。

（5）在穿越野生动物多样性较丰富的路段，路基及边坡、桥梁两侧宜安装具有挡光效果的声屏障，降低交通噪声和夜间车辆灯光对野生动物的影响。

（6）在穿越野生动物多样性丰富或分布有特定野生动物保护对象的路段，往往需要设置动物通道。动物通道的设置应根据具体的自然地理条件、保护对象选取不同类型的动物通道，如在平坦开阔的地区，应优先考虑上跨式通道（含林冠通道）或下穿式通道；平行于峡谷地区，应同时兼顾考虑上跨式通道（含林冠通道）、缓坡通道、下穿式通道；横跨峡谷地区，应优先考虑下穿式通道。同时，动物通道的可利用性最为关键，服务于不同种类野生动物的动物通道，其尺寸大小、周边环境等在设计上也有不同的要求，均须予以充分考虑。

（7）利用桥涵兼作动物通道时，桥涵设计须保持与其周边原始环境相一致，如桥孔、涵洞路面不硬化；通道种植乡土灌木和攀缘藤本，绿化桥墩和路面，诱导公路两侧的野生动物利用桥孔、涵洞作为动物通道进行物种交流、迁移。

（8）对于穿越野生动物多样性较丰富地区的开放式、低等级公路，不同于封闭式高速公路，其无明显的拦挡设施，整个公路廊道都可能是其迁移通道，野生动物更容易进入公路内。在这些区域，除根据野生动物生态习性和地形地貌设置动物通道外，还须设置减速带、限速标志牌、禁鸣标志牌、进出野生动物活动频繁区警示牌、野生动物保护标志牌等工程标识牌。

（9）运营期开展野生动物监测，监测道路两侧野生动物的活动规律、区域野生动物的种类和数量，重点应监测野生动物对动物通道的利用情况，并及时调整相关生态保护措施。

（四）植被恢复措施

这里的植被恢复是针对野生动物生境的恢复。应模拟主要野生动物保护对象的生境条件，在临时占用的野生动物生境或补偿替代生境内栽种其生境内的主要植物物种，进行野生动物生境生态恢复。

在野生动物多样性丰富地区，对原有公路改建或可替代原有公路交通需求的新建公路，应对原有公路采取植被恢复，重新恢复为野生动物自然生境。

# 三、水生生物保护措施

（一）设计优化措施

（1）公路路线优化选线、临时工程优化选址，应尽量避绕并远离各类以水生生物为主要保护对象的环境敏感区（如自然保护区、海洋公园、湿地公园、水产种质资源保护区、海洋特别保护区、天然渔场、封闭及半封闭海域，以及重要水生生物的自然产卵场、索饵场、越冬场和洄游通道等），不得占用依法划定禁止开发建设的环境敏感区。

（2）确需在以水生生物为主要保护对象的环境敏感区内设置跨水桥梁时，应以技术可行为前提，设同精度跨水桥梁桥位比选方案，经比选论证后，采用对水生生物及其生境影响最小的桥位作为推荐桥位。

（3）优化穿越以水生生物为主要保护对象的环境敏感区的工程形式，跨水路段须采用大跨径桥梁，桥向与河流走向尽可能垂直，尽量避免在环境敏感区内设置涉水桥墩，尤其是在平水期、枯水期水位线内。

（4）优化在以水生生物为主要保护对象的环境敏感区内的施工组织、施工布局，并提出相关比选方案，将对水生生物影响最小的施工组织、施工布局方案作为推荐方案。

（二）管理措施

（1）加强施工监督与管理，严格落实环境影响评价文件提出的地表水污染防治措施，营造良好的水生生物生境条件。

（2）施工进场前需开展施工人员环保培训，提高其生态环境保护意识，禁止以任何形式捕杀、伤害鱼类等水生生物，严惩蓄意捕杀鱼类等不利于水生生物及其生境保护的行为。

（3）临水河岸、边坡开挖的土石方应当天清运至弃渣（土）场，避免隔夜堆存；确需隔夜堆存应进行遮盖（防止夜间雨水冲刷和起风扬尘），临时堆放时长不超过3天。

（4）下雨天不得进行临水河岸、边坡基础开挖施工，并禁止临时堆放土石方。

（5）跨大型地表水或鱼类资源较丰富的地表水时，应优化跨水桥梁施工时序，于枯水期施工，并应避让鱼类繁殖期；同一地表水体内涉及较多涉水桥墩时，还应考虑涉水桥分期施工，以降低对水生生态系统的干扰强度。

（6）跨大型地表水或鱼类资源较丰富的地表水时，施工便桥需对桥面缝隙进行封闭，在两侧进行挡护，并及时对桥面进行清扫；运渣车需进行遮盖，含水渣土需滤干后运输，泥浆水及其他施工废水等需用罐车运输，避免渣土、泥水和生产废水等在运输中外漏。

（7）禁止向水生生物法定保护地排放施工期和运营期生产生活废水、固体废弃物等污染物。

（8）在水生生物法定保护地内开展各项施工建设活动须经保护地主管部门批准，取得相关行政许可手续后方可实施建设。

（9）涉及水生生物法定保护地并对其造成较大影响的，应结合项目对水生生物的影响情况，委托专业技术单位开展必要的水生生物及其生境监测。

（10）制定环境风险防范应急预案，建立当地政府相关部门和受影响单位的应急联动机制。

（11）禁止施工人员及施工车辆、运营期过往车辆携带外来水生生物，尤其是入侵物种，降低生物入侵造成的生态风险事故。

（12）运营期，应定期检查和维护各水生生物保护设施。

（三）工程措施

（1）施工期和运营期生产生活废水均须经污水处理设施处理后优先用于施工抑尘、厕所和设备冲洗、绿化、林灌等，利用后剩余的均须满足相关排放标准排放，在禁止排放的地区不得排放。

（2）隧道开挖须采取对工作面超前预注浆、布置超前水平钻孔探测、"以堵为主、限量排放"等工程措施，并对涌水"清污分流"，对受污染的隧道涌水按施工生产废水处置，经处理满足相关标准后回用或排放。

（3）跨大型地表水或鱼类资源较丰富的地表水时，各临水施工场地需设置鱼类资源保护宣传牌，重点突出对区域主要经济鱼类、重点保护物种、特有物种等保护对象的介绍和保护。

（4）主体工程涉水桥墩施工应设置围堰，位于河岸的临河桥墩施工、边坡开挖，开挖前需设置围挡，防止开挖土石掉落河道；施工结束后，应及时撤除围堰、围挡设施，恢复为原有地貌。

（5）施工过程严格落实主体工程区、弃渣场、取土场、施工道路和施工生产生活区等项目用地范围内的截排水沟、沉淀池、土袋拦挡、土工布、无纺布、防雨布等拦挡、遮盖，以及砂浆抹面、植被恢复等水土保持措施，降低水土流失对水生生物生境的影响。

（6）跨水桥梁施工应设置可移动的钢箱集中收集钻渣，用吊车吊装放置到基础施工处，收集满后的钢箱由吊车吊装到汽车上运送至就近弃渣（土）场。将钻孔泥浆集中在岸边泥浆池集中调制，采用泥浆泵泵送至桩孔，同时采用泥浆泵送回岸边沉淀池，再进入泥浆循环系统。泥浆池远离河岸，容量大于拟调制泥浆量20%，池顶需设置防雨棚。

（7）跨大型地表水或鱼类资源较丰富的地表水时，过水桥梁两侧设置防撞墩护栏、禁止超车标志牌、禁鸣标志牌、谨慎驾驶与事故报警电话牌，以及桥面径流收集系统。

（8）涉及水生生物法定保护地的，除设置常规标志牌措施和桥面径流收集系统外，还应在双向进入保护地前设置限速标志牌、保护地保护警示牌；跨水桥梁还应在桥上安装 24 小时视频自动监控系统，桥下配备应急事故收集池系统，以控制和减缓环境风险事故对水生生物及其生境的影响。

（9）涉及水生生物法定保护地并对其造成较大影响的，应建立鱼类增殖放流站，定期开展鱼类增殖放流。增殖放流应根据项目地鱼类生境条件、生活习性制定详细增殖放流方案；增殖放流物种应为项目地受影响的、具有代表性的物种，如主要保护鱼类、主要经济鱼类、特有鱼类。

（四）植被恢复措施

这里的植被恢复是针对依赖水生维管束植物的水生生物生境的恢复，主要针对鱼类。应模拟主要水生生物保护对象的生境条件，在临时占用的水生生物生境或补偿替代生境内栽种其生境内的主要植物物种，进行水生生物生态恢复。

# 第五章　公路工程生态影响及防护对策案例分析

根据项目地生态敏感性不同，本章将生态敏感区分为陆生生态敏感区、水生生态敏感区，再以位于一般区域、陆生生态敏感区、水生生态敏感区的典型高速公路案例分析公路工程的主要生态影响及保护措施。公路工程以高速公路等级最高、规模最大、影响最突出，而四川省地域辽阔，涵盖高原、山地、平原、丘陵、盆地五大基本地形，地域代表性较强，因此本章以国内较为常见情景类型的四川省高速公路为典型案例。本章各节主要根据案例项目工程特性、外环境特征作针对性分析，由于我国生态环境条件丰富多样，引用案例不涉及内容主要在各节讨论部分做简要分析。

## 第一节　一般区域公路工程案例分析

### 一、案例项目及项目区概况

（一）项目概况

开江至梁平高速公路（四川境）位于川东北经济区内，是优化完善区域高速公路网布局的联络线，是便捷联系开江、梁平，强化川渝合作，促进成渝城市群发展及成渝双城经济圈发展的高速公路通道。项目位于四川省达州市开江县境内。项目路线起于达州市开江县桥亭村附近，与 G5012 恩广高速万达段相交，南下穿明月山，跨吴家河，过甘棠镇东、任市镇东，于新盛镇北永兴村附近跟开梁高速重庆段对接，路线全长约 30 km。主要控制点有开江东枢纽（桥亭村）、甘棠镇、任市镇、新盛北接点。

根据项目可研报告，该项目推荐方案共设桥梁 8169 米（17 座），隧道

1985 米（1 座），桥隧比 33.37%，永久占用土地 228.28 hm²，路基挖方数量 208.74 万立方米，填方 285.84 万立方米；路基排水防护工程数量 153.69 千立方米；共设置开江东枢纽、甘棠、任市 3 处互通式立交，互通式立交连接线公路采用二级、三级公路标准，并与现有等级公路相接，路基宽 16 m 或 12 m，设计速度 60 km/h，共 3 条，合计全长 5.50 km；设服务区、管理中心、养护工区各 1 处。

根据该项目工可阶段的水土保持方案报告书，该项目沿线共设置 9 个弃渣场，占地总面积 17.52 hm²；新建施工便道约 4.34 km，宽 4.5 m，占地总面积 5.24 hm²；施工生产生活区 7 处，合计占用土地 10.05 hm²，其中利用主体工程互通及沿线设施设置 6 处，新增临时占地设置 1 处（占地面积 0.45 hm²）；取土场 5 个，占地面积 11.15 hm²。

（二）外环境概况

该项目区位于川东丘陵地区，生态敏感性低，属一般区域。评价区内人类活动频繁，农田生态系统、城镇生态系统占主导地位。耕地的面积最大，其比例达到 71.92%，是区内最主要的土地类型；其次是林地，比例为 18.03%。自然植被主要为柏木林、马尾松林、慈竹林，黄荆、马桑、白栎等组成的山地灌丛，以及多种禾草、蕨类等组成的山地草丛。野生动物均为区域常见物种，无国家、四川省重点保护野生动物分布。地表水均为小型水体，鱼类资源以人工养殖的经济物种为主，野生鱼类资源种类和数量均较少，无鱼类"三场"和洄游通道，更无国家和四川省重点保护物种。浮游生物、底栖动物也均为区域广布物种，无珍稀保护物种。

评价区内基本农田分布广泛、密集，是该项目主要生态保护目标，该项目占用永久基本农田约 107.71 hm²；此外，还分布有 6 棵国家二级重点保护野生植物喜树、1 棵黄葛树三级古树，但均不在项目用地范围内，与项目用地边界最近的直线距离分别约 75 m、160 m。此外，评价区内无珍稀野生保护动物、名木、基本草原、公益林与保护林地等生态保护目标。图 5.1.1 为开梁高速沿线永久基本农田分布示意图。

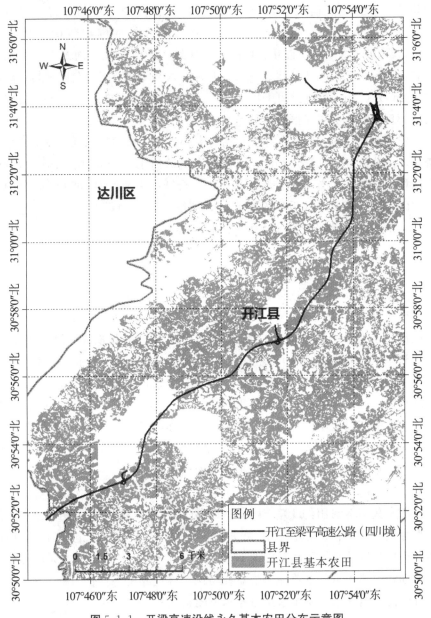

图 5.1.1 开梁高速沿线永久基本农田分布示意图

## 二、生态影响分析

根据《环境影响评价技术导则 生态影响》（HJ 19-2011），该项目生态评价等级为三级，生态评价范围主要为道路中心线两侧各 200 m 以内区域，兼顾各临时工程分布区。

（一）生态影响要素识别

根据该项目的工程特点和外环境现状，结合有关建设项目环境影响评价技术导则要求，将生态评价对象进一步分为七个生态因子，并按施工期和运营期对项目主要生态影响要素进行识别筛选（表5.1.1）。

表5.1.1　项目主要生态影响要素识别表

| 生态因子 | 施工期 | | | | | 运营期 | | |
|---|---|---|---|---|---|---|---|---|
| | 路基及边坡 | 桥梁 | 隧道 | 临时工程 | 机械作业 | 公路运营 | 生态恢复 | 景观绿化 |
| 土地利用 | ● | ▲ | ▲ | ▲ | | ● | △ | |
| 陆生植被 | ▲ | ▲ | ▲ | ▲ | ▲ | ▲ | △ | △ |
| 野生动物 | ▲ | ▲ | ▲ | ▲ | ▲ | ▲ | △ | △ |
| 水生生物 | ▲ | ▲ | ▲ | | ▲ | ▲ | △ | △ |
| 生态系统 | ▲ | ▲ | ▲ | | | ▲ | △ | △ |
| 自然景观 | ▲ | ▲ | ▲ | | | ▲ | △ | ○ |
| 水土保持 | ● | ▲ | ▲ | ● | | | ○ | △ |

注：负面影响——明显■，一般●，很小▲；正面影响——明显□，一般○，很小△；空白表示无影响。

（二）施工期生态影响分析

该项目桥隧比低，路基及边坡占地（含临时工程、管理/服务设施）相对较大；而沿线耕地分布广泛、密集、面积大，尤其是永久基本农田。根据工程特点和环境现状，该项目施工期的生态影响主要为施工永久占地和临时占地对农田生态系统、土地利用格局、植被破坏和加剧水土流失等的影响，以及对国家二级重点保护野生植物喜树、黄葛树古树的影响。

该项目施工期对各生态因子的影响情况见表5.1.2。

表5.1.2　施工期生态影响分析表

| 生态因子 | 影响源 | 主要污染物/影响 | 影响分析 |
|---|---|---|---|
| 土地利用 | 永久占地和临时占地 | 改变局部土地利用性质 | 项目用地占开江县土地总面积和评价区面积比例均很低，且项目用地已纳入开江县土地利用总体规划，影响很小 |

| 生态因子 | 影响源 | 主要污染物/影响 | 影响分析 |
|---|---|---|---|
| 陆生植被 | 永久占地和临时占地、施工人员活动的干扰、隧道开挖涌水 | 破坏植被、影响植被生长 | 破坏的植被主要为栽培植被，受影响的自然植被均为区域广泛分布的植物种类，且不直接破坏国家重点野生保护植物，对植被影响较小；通过采取严格的环境管理措施后，施工人员活动干扰破坏可有效控制和避免，影响较小；隧道仅 1 座且规模不大，隧道开挖涌水量可控，且隧道顶部植被生活用水主要来源于大气降水和浅层地下水，故隧道开挖涌水对隧道顶部植被影响较小 |
| 野生动物 | 永久占地和临时占地、施工人员活动干扰、机械设备施工作业、隧道爆破 | 惊扰或伤害野生动物、破坏动物栖息地 | 野生动物种类和数量较少，不涉及珍稀野生保护动物，故对野生动物的惊扰和伤害影响较小；占用的自然植被面积占评价区总面积比例极低，且均为区域广布类型，故对野生动物栖息地影响较小；通过采取严格的环境管理措施后，施工人员活动干扰破坏可有效控制和避免，影响很小 |
| 水生生物 | 生活废水、施工生产废水、隧道开挖涌水 | 水生生物个体伤亡、水生生物生境变化 | 地表水均为小型水体，鱼类资源以人工养殖的经济物种为主，野生鱼类资源种类和数量均较少，无鱼类"三场"和洄游通道，更无珍稀野生保护物种分布；生产生活废水经采取污水处理设施集中处理等一系列措施后可有效控制和避免造成地表水环境污染，对水生生物影响小 |
| 生态系统 | 各项施工活动 | 影响生态系统完整性、稳定性、服务功能等 | 施工占地有限，受影响的动植物种类主要为区域广布物种，不会造成物种多样性减少和生态系统服务功能退化，也不会对生态系统完整性、稳定性等造成明显破坏 |
| 自然景观 | 永久占地和临时占地 | 破坏自然景观 | 评价区以城镇、农耕区等人工景观为主，自然景观较少；项目用地在施工期对景观的影响是不可避免的，但属暂时性影响，施工结束后随之消失，且通过对临时用地采取遮蔽防尘和用后及时复耕、造林等措施可适当减缓景观破坏，影响较小 |
| 水土保持 | 永久占地和临时占地 | 水土流失 | 通过采取项目水土保持方案和环评报告中各项水土保持措施后，水土流失影响可有效控制，影响可接受 |

该项目施工期的主要生态影响简要分析如下：

### 1. 项目占地对土地利用格局的影响

在卫片解译的基础上，结合现场踏勘，按《土地利用现状分类》（GB/T 21010—2017）一级分类，将评价区土地利用格局划分为耕地、林地、草地、住宅用地、水域及水利设施用地、交通运输用地六种现状土地利用类型。

永久占地对土地利用格局的影响是长期、不可逆的；临时占地对土地利用格局的影响是短期、可逆的，在施工结束后均可通过生态恢复措施，将其恢复为原有土地利用类型，因此项目占地对土地利用格局的影响主要是永久占地对土地利用格局的影响。

该项目建设前后，评价区各类地类数量、比例变化情况及工程占地占评价范围相应地类面积的比例见表5.1.3。

表5.1.3　项目建设前后评价区土地利用格局变化情况统计分析表

| 用地类型 | 施工前 | | 永久占地 | | 建成后 | | 变化值 | |
|---|---|---|---|---|---|---|---|---|
| | 面积（hm²） | 比例（%） | 面积（hm²） | 比例（%） | 面积（hm²） | 比例（%） | 面积（hm²） | 比例（%） |
| 耕地 | 1099.45 | 71.92 | 151.80 | 66.50 | 947.65 | 61.99 | −151.80 | −9.93 |
| 林地 | 275.57 | 18.03 | 47.94 | 21.00 | 227.63 | 14.89 | −47.94 | −3.14 |
| 草地 | 33.96 | 2.22 | 0.00 | 0.00 | 33.96 | 2.21 | 0.00 | 0.00 |
| 水域及水利设施用地 | 11.21 | 0.73 | 5.71 | 2.50 | 5.50 | 0.36 | −5.71 | −0.37 |
| 住宅用地 | 52.64 | 3.44 | 13.70 | 6.00 | 38.94 | 2.55 | −13.70 | −0.89 |
| 交通运输用地 | 55.97 | 3.66 | 9.13 | 4.00 | 275.12 | 18.00 | 219.15 | 14.33 |
| 合计 | 1528.80 | 100.00 | 228.28 | 100.00 | 1528.80 | 100.00 | 0.00 | 0.00 |

从表5.1.3可以看出：该项目永久占用的耕地最大，占评价范围内相应地类总面积的比例较高；其次是林地。该项目建设将对评价范围内耕地、林地的利用产生一定的影响。同时，对项目走廊带内的土地利用结构也将产生一定的影响，主要表现为部分耕地、林地的建设用地化。总体来看，该项目建成后对评价区土地利用格局的改变幅度不大，影响可接受。

### 2. 项目占地对农田生态系统的影响

项目区是发达的农业生产区，以农田生态系统为主，工程永久或临时占用农田生态系统用地，势必对农田生态及农业生产带来影响，永久占地影响是持久的，是不可逆转的、负面的；临时占地的影响是暂时的、可逆转的。

该项目永久占用耕地151.80 hm²（2277亩），约为开江县耕地总面积的

0.37%，比例很小，不会使得开江县耕地总量发生明显改变，影响轻微。此外，按土地流转计算，现阶段项目地耕地流转价格约300元/亩/年，造成的农业损失约为68.31万元/年；按粮食产量计算，现阶段粮食价格指数约1000元/吨，粮食产量约5.5吨/hm²，造成的农业损失约为83.49万元/年；对比开江县数十亿的农业产值而言，所占比例很小，不足0.02%。同时，占用的耕地中约有永久基本农田107.71 hm²，占开江县永久基本农田总面积的比例很小（约0.36%），且公路主管部门将按照四川省人民政府土地管理相关规定进行公路占地补偿，故对永久基本农田的影响也较小。

此外，项目建设后，耕地仍为评价区最主要的土地利用类型，且所占比例仍显著高于其他土地利用类型，即项目建成后耕地在评价区内的主导地位未发生改变。

综上分析，项目建设对开江县、评价区农田生态系统和农业经济影响是轻微的。

### 3. 项目占地对植被破坏和水土流失的影响

该项目永久占地和临时占地破坏的自然植被均为区域广泛分布的类型，不占用珍稀野生保护植物、古树、名木等，因此项目占地不会导致评价区植物物种多样性的减少。项目用地对评价区植被的直接破坏，将直接导致评价区部分植物物种数量的减少、整个生态系统生物量和生产力的减少，施工过程中大量地表裸露也将加剧评价区水土流失。

（1）永久占地影响。

该项目永久占地造成的生物量和生产力损失情况见表5.1.4。

表5.1.4 生物量和生产力损失情况表

| 占地类型 | 耕地 | 林地 | 草地 | 水域及水利设施用地 | 住宅用地 | 交通运输用地 | 合计 |
|---|---|---|---|---|---|---|---|
| 永久占地（hm²） | 151.80 | 47.94 | 0.00 | 5.71 | 13.70 | 9.13 | 228.28 |
| 评价区面积（hm²） | 1099.45 | 275.57 | 33.96 | 11.21 | 52.64 | 55.97 | 1528.80 |
| 永久占地占评价区各地类面积比例（%） | 13.81 | 17.40 | 0.00 | 50.94 | 26.03 | 16.31 | 14.93 |

续表

| 占地类型 | | 耕地 | 林地 | 草地 | 水域及水利设施用地 | 住宅用地 | 交通运输用地 | 合计 |
|---|---|---|---|---|---|---|---|---|
| 生物量损失 | 单位面积生物量（t/hm²） | 16.42 | 123.96 | 4.00 | 0.00 | 0.00 | 0.00 | — |
| | 损失量（t） | 2492.56 | 5942.57 | 0.00 | 0.00 | 0.00 | 0.00 | 8435.13 |
| | 评价区总量（t） | 18052.97 | 34159.25 | 135.84 | 0.00 | 0.00 | 0.00 | 52348.06 |
| | 损失量占总量比例（%） | 13.81 | 17.40 | 0.00 | — | — | — | 16.11 |
| 生产力损失 | 平均净生产力[gC/(m².a)] | 6.44 | 12.80 | 8.24 | 0.00 | 0.00 | 0.00 | — |
| | 损失量[tC/a] | 977.59 | 613.56 | 0.00 | 0.00 | 0.00 | 0.00 | 1591.15 |
| | 评价区总生产力[tC/a] | 7080.46 | 3526.85 | 279.83 | 0.00 | 0.00 | 0.00 | 10887.14 |
| | 损失量占总量比例（%） | 13.81 | 17.40 | 0.00 | — | — | — | 14.61 |

由表 5.1.4 可知，工程永久占地占评价区总面积的 14.93%，永久占地造成的评价区生物量减少量和生产力降低量分别占评价区总生物量、总生产力的 16.11%、14.61%，与所占面积比例相近，即从不同土地类型的地表植被生物量、生产力水平来看，该项目占用的评价区植被类型的生物量、生产力水平中等，占地类型比例较为合理。因此，永久占地对评价区植被生物量和生态系统生产力的影响不大。

（2）临时占地影响。

该项目临时占地主要有弃渣场、取土场、施工生产生活区、施工便道等。这些施工临时占地将对植被产生直接的破坏作用，如果施工管理不善，对乔木层、灌木层和草本层的破坏明显，将造成植物群落的层次缺失，使群落的垂直结构发生较大改变，直接影响群落的演替，从而使群落的生物多样性降低。

该项目共设置 9 个弃渣场，占地总面积 17.52 hm²，取土场 5 处，占地面积约 11.15 hm²，主要占地类型为耕地、林地。其中，林地主要为疏林地和灌木林地，耕地主要为坡耕地，临时占地内不修建永久性建（构）筑物、经复垦能恢复原种植条件。取、弃土场均不涉及环境敏感区，所占用土地类型生产力、生物量水平较低。

该项目施工生产生活区以设置在永久占地范围内为主，仅在明月山隧道出口处新增 1 处临时占地（约 0.45 hm²），占地类型为疏林地和灌木林地为主的林地，生产力、生物量水平较低。

由于项目沿线一般都有乡间道路相通，可直接或整修后利用。与同类项目相比，本工程施工便道规模较小，主体工程区和各临时工程区需新修和整修施工道路 7.42 km，占地面积约 5.24 hm²，其中新建便道仅 2.93 km，占地面积约 3.13 hm²。

总体而言，该项目临时工程占地规模相对较小，且占用土地类型生产力、生物量水平较低，因此，对植被的破坏作用较小。此外，这些临时占地破坏的植被，在施工结束后可通过造林绿化、复垦等生态恢复措施迅速得到补偿和恢复。因此，临时占地影响是短期且可恢复的，随着施工结束，其造成的影响也将消失。

综上所述，项目占地对沿线植被的影响较小。

### 4. 项目占地对重点保护野生植物、古树的影响

该项目用地不直接占用野生保护植物和古树，在加强施工管理并采取设置野生保护植物和古树保护警示牌、防护围栏等保护措施的情况下，项目建设对这些古树、野生保护植物基本无影响。

### （三）运营期生态影响分析

在运营期，工程各项施工活动已经结束，公路建设对生态环境的不利影响基本终止；道路的中分带、边坡等景观绿化工程，以及临时占地复垦造林等生态恢复措施也随之同步完成，这些将使得施工期对评价区植被的不良影响得到减缓和补偿。公路运营期的生态影响主要为交通运输产生的轻微扬尘、尾气污染，使道路两侧沿线植被叶片粉尘量增加，从而影响植物的光合、呼吸作用；交通噪声、夜间车辆灯光对野生动物会产生一定的惊扰，并可能对其栖息和繁殖有一定的不利影响。由于区域生态敏感性低，人类活动频繁，农田生态系统、城镇生态系统占主导地位，因此受影响的自然植被、野生动物相当有限，总体影响是很轻微的。该项目运营期对各生态因子的影响情况见表 5.1.5。

表5.1.5　运营期生态影响分析表

| 生态因子 | 影响源 | 主要污染物/影响 | 影响分析 |
|---|---|---|---|
| 土地利用 | 临时用地复垦与造林 | 恢复土地利用性质 | 正面影响 |
| 陆生植被 | 车辆行驶扬尘和汽车尾气、临时用地复垦与造林 | 干扰植被生命活动 | 车辆行驶扬尘和汽车尾气污染物排放量很少，对植被影响轻微；临时用地复垦、造林为正面影响 |
| 野生动物 | 交通噪声、道路阻隔 | 交通噪声、夜间车辆灯光惊扰野生动物，阻隔种群交流 | 由于人类活动频繁，野生动物种类和数量较少；在自然植被分布较多的路段以明月山隧道形式穿越，对野生动物基本无影响；故交通噪声、道路阻隔对野生动物影响较小 |
| 水生生物 | 初期雨水、沿线服务设施生活废水 | 雨期改变局部地表水水质 | 初期雨水和服务区生活废水排放量均有限，通过采取污水处理措施可有效控制和避免造成地表水环境污染，且受影响的水生生物均为常见种类，故对水生生物影响小 |
| 生态系统 | 永久占地和景观绿化、临时用地复垦与造林 | 影响生态系统完整性、稳定性、服务功能等 | 项目用地有限，施工结束后基本不再对生态系统产生干扰和破坏，不会造成物种多样性减少和生态系统服务功能退化，也不会对生态系统完整性、稳定性等造成明显破坏；而道路景观绿化和临时用地复垦、造林是对施工期产生的不良影响的恢复和补偿 |
| 自然景观 | 永久占地和景观绿化、临时用地复垦与造林 | 影响景观质量 | 形成规律、曲美的公路线性景观，景观影响轻微；道路景观绿化和临时用地复垦、造林为正面影响 |
| 水土保持 | 景观绿化、临时用地复垦与造林 | 水土保持 | 正面影响 |

## 三、生态保护措施

### （一）设计优化措施

（1）K15+800～K16+400、K19+400～K20+620、K22+470～K23+450等填方较高且耕地集中分布路段应采取收缩边坡、以桥代路的措施，减少对耕地的占用，尤其是对永久基本农田的占用。

（2）2#、3#、4#、5#、6#、7#、8#、9#共8处弃渣场，2#、3#、4#、5#共4处取土场，以及2#施工生产生活区占用永久基本农田，应对其进行优化调整，减少对永久基本农田的占用。

（二）管理措施

（1）在施工期须加强管理，严格控制项目用地和施工人员活动范围，禁止施工人员在项目用地以外的区域活动，尤其应加强火源、可燃物管理，禁止人员随意进出林区。

（2）施工进场前须开展施工人员环保培训，提高其生态环境保护意识，严惩随意破坏植被、伤害野生动物等不利于环境保护的行为，尤其应禁止破坏项目用地外的地表植被，禁止捕杀、伤害野生动物。

（3）优化施工时段。避免晨昏施工作业，禁止夜间施工；隧道爆破和高噪声设备作业时间段尽量集中，尤其应减少隧道爆破作业频次。

（4）施工前，须加强对区域性分布的重点保护植物及古树名木进行调查，详细调查用地红线内的古树、野生保护植物分布，在施工过程中若发现有重点保护对象，应及时上报主管部门，优先采取优化工程方案予以避绕，而后采取围栏防护、挂牌警示等保护措施；确实无法避绕时方可予以移栽，移栽前建设单位应当事先征得野生植物行政主管部门同意，按《四川省野生植物保护条例》有关要求，提交工程审批文件及采集、保护方案。

（5）对于临时用地确实难以避让永久基本农田的，须按法规要求，经县级自然资源主管部门批准后，方可投入使用，使用过程中不得在永久基本农田内修建永久性建（构）筑物。

（6）严格落实明月山隧道施工地下水防涌水、渗漏措施，并对明月山隧道工程区开展地下水环境监控、隧道顶部植被的生长状况同步监测，避免和减缓隧道施工对隧道顶部植被生长用水造成影响。

（7）运营期，定期检查和维护各环保设施。

（三）工程措施

（1）占用耕地的区域，使用前须对其耕作层土壤进行剥离再利用，减少对耕作层的破坏；剥离的表土集中堆放，并要采取土袋挡护坡脚、遮盖等临时防护措施；临时占用耕地的要缩短占用时间，做到边使用、边平整、边绿化、边复耕，在使用完毕后须复垦恢复原种植条件。

（2）对明月山隧道口附近的6棵喜树挂上警示保护牌，并设置围栏或防护带，避免施工人员及施工活动对其破坏干扰。

（3）在林区边的路段（主要是在FK1至FK7路段）采用加密绿化带，减缓交通噪声和车辆夜间灯光对野生动物的不利影响。

（4）施工期和运营期的生产生活废水均须采用沉砂＋混凝沉淀＋过滤（＋隔油）工艺，经污水处理设施处理后优先用于洒水抑尘、厕所和设备冲洗、绿化、林灌等，利用后剩余的均须满足相关排放标准排放。

（5）隧道开挖通过工作面超前预注浆、布置超前水平钻孔探测、"以堵为主、限量排放"等工程措施可有效减少地下水资源涌水量，并对涌水"清污分流"等。

（6）参照该项目水土保持方案严格落实施工期对主体工程区、弃渣场、取土场、施工道路和施工生产生活区等用地区域采取的水土保持措施，主要有：①临时措施，如土袋拦挡、土工布、无纺布、防雨布等；②植物措施，如覆土、撒播草籽、灌籽等；③工程措施，如土夹石开挖与回填、砂浆抹面、表土剥离、复耕等。

（四）植被恢复措施

各临时占地使用后应及时恢复原有土地利用类别，不得用作他途。在植被恢复措施中应将在施工过程中占用的耕地和林地所剥离的表土覆盖在各临时用地表层，再实施复耕造林。绿化物种应选用乡土物种（如柏木、枫杨、慈竹、白栎等），不得引入外来物种。植被恢复后应加强养护管理，确保植株成活率。

# 四、讨论

下面主要根据不同地区的公路工程特点和自然地理条件等，从生态影响分析和生态保护措施方面进行分析讨论。

（一）生态影响分析方面

在生态敏感性较低的一般区域，虽然生态保护目标较少，并以生态敏感性低的常规生态保护目标为主，但其生态保护目标往往也有主次之分，应根据具体的工程特点、自然地理条件、生态环境现状等分析其施工期、运营期对生态环境可能产生的具体影响。对于公路工程，在生态敏感性较低的一般区域，往往具有人类活动强烈的特点，人类活动频繁地区大多农业、畜牧业发达，常分布有大面积的永久基本农田、基本草原，故永久基本农田、基本草原常常是最主要、最重要的生态保护目标。

开江至梁平高速公路（四川境）位于川东丘陵地区，路线规模较小，桥隧比低（33.37％），隧道工程仅1座；虽然评价区的生态保护目标敏感性低、成分简单，但评价区农业发达，以永久基本农田作为生态保护目标，其在评价区内面积大、分布密而广。因此，该项目的生态影响主要为路基及边坡占地（含临时工程、管理/服务设施）造成的生态影响，尤其是对永久基本农田占用造成的影响。

若是在地形起伏稍大的山区，人类活动强度降低，公路工程的桥隧比会随之增大，评价区内的耕地及永久基本农田数量一般也会减少，此时项目路基及边坡占地（含临时工程、管理/服务设施）对农业生产和永久基本农田的影响将不再突出，主要生态影响一般转变为路基及边坡占地（含临时工程、管理/服务设施）对自然植被的影响。

若在生态敏感性低的一般区域，公路工程沿河布设，则公路工程的主要生态影响往往以路基及边坡占地（含临时工程、管理/服务设施）、桥梁施工对水生生态的影响为主，尤其是涉水桥墩施工。

在基本草原集中分布的地区，多位于高原、高山峡谷、河谷开阔区，这些区域常有水质良好的河流、溪沟分布，但未划为自然保护地，位于其内的公路工程的主要生态影响除了路基及边坡占地（含临时工程、管理/服务设施）对畜牧业生产和基本草原的影响，往往还需关注路基及边坡占地（含临时工程、管理/服务设施）、桥梁施工对水生生态的影响。

综上所述，在生态敏感性低的一般区域，应结合工程特点、自然地理条件、生态环境现状等分析其施工期、运营期可能产生的生态影响。在生态敏感性低、农业发达、永久基本农田分布广泛的一般区域，公路工程的生态影响应关注路基及边坡占地（含临时工程、管理/服务设施）对永久基本农田、农业生产造成的影响；在生态敏感性低、畜牧业发达、基本草原分布广泛的一般区域，公路工程的生态影响则应关注路基及边坡占地（含临时工程、管理/服务设施）对基本草原、畜牧业生产造成的影响。

（二）生态保护措施方面

在生态敏感性低的一般区域，公路工程应根据主要生态保护对象类型、分布，并结合工程特点、自然地理条件，采取针对性的生态保护措施。例如，在永久基本农田、基本草原集中分布的地区，主体工程设计应收缩边坡、以桥代路以节约用地，减少对其的占用，临时工程布设也应尽量避免对其的占用；对于较分散的生态保护目标（如公益林斑块、珍稀野生保护植物植株、野生保护动物个体、古树、名木等），由于其数量少且呈点状稀疏分布，故一般是可绕避的，在勘察设计上应优先考虑对其绕避，确实需占用的应采取异地补偿、移栽保护、围栏防护、设工程警示牌等措施加以保护；涉及沿河（溪沟）布设或多处跨河（溪沟）的公路工程，在勘察设计时应优化跨河桥梁与河流（溪沟）的交角、桥梁跨径、桥墩位置等桥梁参数，减少跨水长度和涉水桥墩数量，在施工时更应注重对施工过程中生产、生活废水的处理，避免对地表水产生污染。此外，还应根据项目地气候条件，因地制宜、因时制宜制定生态保护措施，如在高寒地区（或干旱地区），自然条件下植被恢复成活率较低，临时用地生态恢复应选用耐寒（或耐旱）物种，并加强防冻（防旱）、补植等管理养护，才能提高植株成活率，保障生态恢复的有效性；在干热河谷等干旱地区，在常规生态保护措施中更应注重施工期的森林防火工作，这些地区一旦引起火灾，火势难控，短时间内就会造成重大生态损失。

## 五、结论

开江至梁平高速公路（四川境）评价区内无生态敏感区分布，生态敏感性总体较低，由于生态保护目标较少，并以生态敏感性低的常规生态保护目标为主，通过常规性管理措施、生态恢复措施，即可有效避免、控制和减缓项目建设产生的不良生态影响。因此，开江至梁平高速公路（四川境）建设和运营的生态影响是轻微的。

# 第二节　陆生生态敏感型公路工程案例分析

## 一、案例项目及项目区概况

### （一）项目概况

乐山至西昌高速公路（简称"乐西高速"）是成都平原经济区与攀西经济区的又一条联系通道，路线纵贯乌蒙山集中连片特困地区和大小凉山彝族主要聚居区、地质灾害频发区，是重要的扶贫通道、抢险救灾通道。该项目起于乐山市，经乐山市的市中区、沙湾区及峨眉山市、沐川县、马边彝族自治县和凉山彝族自治州的雷波县、美姑县，止于昭觉县接西昌至昭通高速公路，并利用西昌至昭通高速公路连接西昌市，路线全长约 260 km，新建里程约 235 km，全线双向四车道，设计速度 80 km/h，路基宽度 25.5 m。交叉工程中，大风顶互通永红连接线为新建道路，三级公路，长度约 14.49 km，宽 8.5 m；罗山溪连接线为改建道路，二级公路，长度约 18.14 km，宽 8.5 m。

（二）项目与大熊猫栖息地的关系

根据乐西高速马边至昭觉段初步设计，该项目穿越凉山山系大熊猫栖息地的拉咪局域种群分布区，穿越大熊猫栖息地和潜在栖息地——路段行政区上隶属四川省乐山市马边彝族自治县和凉山彝族自治州雷波县（不属大熊猫国家公园和四川大熊猫栖息地世界自然遗产，但涉及区域属四川麻咪泽省级自然保护区实验区、四川省生态保护红线）。该项目主线穿越大熊猫栖息地路段约 5.77 km，隧道比例 67.42%，桥隧比 71.75%；穿越大熊猫潜在栖息地路段约 38.0 km，隧道比例 68.13%，桥隧比 92.47%。合计穿越大熊猫栖息地和潜在栖息地的主线路段约 43.77 km，隧道比例 68.04%，桥隧比达 89.74%。此外，大风顶互通的永红、罗山溪连接线约 22.65 km（隧道比例 2.74%，桥隧比 12.54%，大部分为罗山溪连接线）穿越大熊猫潜在栖息地。此外，由于位于大熊猫潜在栖息地紧密、连片分布区，部分临时工程不可避免会设置在大熊猫栖息地和潜在栖息地内。该项目在大熊猫栖息地和大熊猫潜在栖息地内合计永久占地约 184.90 hm$^2$（含工程主线、互通连接线、沿线服务设施等全部工程）。其中，在大熊猫栖息地内永久占地约 30.15 hm$^2$，在大熊猫潜在栖息地内永久占地约 154.75 hm$^2$。但经现场调查表明，大熊猫现实栖息地主要分布在竹类资源丰富的大熊猫栖息地中，而该项目占用的大熊猫栖息地为人类活动频繁的谷堆乡农耕区，其周边无竹类资源分布，因此该项目不占用大熊猫现实栖息地。图 5.2.1 为乐西高速与大熊猫栖息地区位关系图。

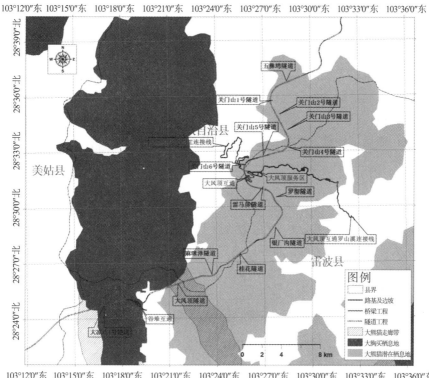

图 5.2.1　乐西高速与大熊猫栖息地区位关系图

（三）野生大熊猫数量及其种群分布

凉山山系野生大熊猫分为勒乌、大风顶、拉咪、锦屏山、五指山 5 个局域种群。其中，雷波县的野生大熊猫属拉咪局域种群和锦屏山局域种群，锦屏山局域种群位于雷波县中部邻近金沙江流域的区域，为孤立的野生大熊猫分布点；拉咪局域种群分布在谷堆乡以南的雷波县西部区域，与谷堆乡以北的大风顶局域种群相连，谷堆乡东、西两侧呈南北走向的黄茅埂、山棱杠山脉是大熊猫种群交流的走廊带。雷波县是大熊猫分布的最南端，根据全国大熊猫第四次调查显示，雷波县大熊猫现约有 14 只，主要分布在锦屏山区域和四川麻咪泽省级自然保护区，种群密度为 0.0384 只/km²。

（四）大熊猫栖息地概况

四川省大熊猫栖息地总面积 2027244 hm²，大熊猫潜在栖息地总面积411298 hm²，合计 243.85 万公顷。其中，凉山山系大熊猫栖息地总面积302368.97 hm²，潜在栖息地面积 138142.56 hm²。凉山山系大熊猫栖息地面积最大的是甘洛县,其次是美姑县。雷波县大熊猫栖息地总面积 36465 hm²,潜在栖息地面积 55179 hm²。

凉山山系野生大熊猫种群被省道 103、县道 163、县道 149、高压输电线和地形地貌等人类活动和自然地理条件分割。从栖息地的完整性上看,凉山山系的大熊猫栖息地存在破碎化问题。拉咪局域种群的大熊猫栖息地为次适宜栖息地,县道 163、高压输电线、水电站和低等级乡村道路等人为活动是造成拉咪局域种群大熊猫栖息地破碎化的重要原因。

(五)外环境概况

乐西高速涉及大熊猫栖息地路段具有桥梁和隧道数量多且规模大(无隧道斜井)、桥隧比高的特点,区域为海拔 1200~3200 m 的中山、高山地区,地表起伏大,地形崎岖,峰峦重叠;地表水环境质量功能区为Ⅱ类(仅高卓营河及其支流)、Ⅲ类,以季节性小型溪沟为主,无鱼类资源分布,其他水生生物均为区域广布种;地下水资源丰富,主要为碎屑岩孔隙裂隙层间水、基岩裂隙水、碳酸盐岩类裂隙溶洞水三种类型;沿线基本为深山无人区,仅在谷堆乡场镇路段有居民居住且规模较大;项目涉及的大熊猫栖息地和潜在栖息地几乎已全部划入四川省生态保护红线,且大熊猫栖息地区域也属四川麻咪泽省级自然保护区范围;植被类型以亚热带山地常绿、落叶阔叶混交林为主,也有亚热带常绿、落叶针叶林分布;生物多样性丰富,分布有大熊猫、四川山鹧鸪、林麝、小熊猫、大灵猫、黄喉貂、珙桐、红豆杉、油麦吊云杉、连香树等多种国家重点野生保护动植物,尤以珙桐分布数量最多、面积较大。

## 二、项目对大熊猫栖息地的环境影响分析

根据《环境影响评价技术导则 生态影响》(HJ 19—2011),该项目生态评价等级为一级,生态评价范围主要为道路中心线两侧各 500 m 以内区域,以及各临时工程边界外延 300 m;在麻咪泽自然保护区内评价范围以工程中心线投影距离单侧≥1000 m 的区域,扩展范围至工程两侧第一重自然山脊范围内的区域。

(一)环境影响要素识别

根据乐西高速涉及的大熊猫栖息地路段的工程特点和环境现状,结合有关建设项目环境影响评价技术导则要求,按施工期和运营期分别从 6 个环境要素和环境风险等方面对环境影响因素进行识别筛选,识别结果见

表5.2.1。

表5.2.1　乐西高速对大熊猫栖息地环境影响要素识别表

| 环境要素 | | 施工期 | | | | | 运营期 | | |
|---|---|---|---|---|---|---|---|---|---|
| | | 路基及边坡 | 桥梁 | 隧道 | 临时工程 | 机械作业 | 公路运营 | 生态恢复 | 景观绿化 |
| 地表水 | | | ● | ● | | ● | ▲ | △ | △ |
| 地下水 | | | | ■ | | | | | |
| 环境空气 | | ▲ | | | ▲ | ▲ | ▲ | | △ |
| 声环境 | | ▲ | ▲ | ▲ | ▲ | ■ | ■ | | △ |
| 固体废物 | | ▲ | ▲ | ▲ | ▲ | | ▲ | | |
| 生态环境 | 土地利用 | ▲ | ▲ | ▲ | ● | | ▲ | △ | |
| | 陆生植被 | ■ | ▲ | ▲ | ● | | ▲ | △ | △ |
| | 野生动物 | ▲ | ▲ | ▲ | ● | ● | ▲ | △ | △ |
| | 水生生物 | | ▲ | ▲ | | | ▲ | | |
| | 生态系统 | ▲ | ▲ | ▲ | ▲ | ▲ | ▲ | △ | △ |
| | 自然景观 | ▲ | ▲ | ▲ | ● | | ▲ | △ | ○ |
| | 水土保持 | ● | ▲ | ▲ | ● | | | ○ | △ |
| 环境风险 | | | | | | | ▲ | | |

注：负面影响——明显■，一般●，很小▲；正面影响——明显□，一般○，很小△；空白表示无影响。

## （二）施工期对大熊猫栖息地的影响分析

根据乐西高速涉及的大熊猫栖息地路段的工程特点和环境现状，该项目施工期对大熊猫栖息地的影响重点表现为对地表水环境、陆生植被和野生动物的影响。施工期，乐西高速对大熊猫栖息地各环境要素影响分析详见表5.2.2。

表 5.2.2　乐西高速施工期对大熊猫栖息地环境要素影响分析表

| 环境要素 | | 影响源 | 主要污染物/影响 | 影响分析 |
|---|---|---|---|---|
| 地表水 | | 施工生活废水、施工生产废水、隧道开挖涌水、初期雨水 | 石油类、悬浮物（SS）、化学需氧量（COD）、五日生化需氧量（BOD₅）、氨氮（NH₃－N）、总磷等 | 生活废水、施工生产废水、隧道开挖涌水、初期雨水排放量均较有限，通过采取隧道涌水排堵结合、清污分流，生产生活废水、初期雨水采取经污水处理设施集中处理等一系列措施可有效控制和避免造成地表水环境污染，对地表水环境影响可有效控制，且沿线不涉及地表水型集中式饮用水水源地，影响较小 |
| 地下水 | | 隧道开挖涌水 | 地下水资源减少 | 通过采取工作面超前预注浆、布置超前水平钻孔探测、"以堵为主、限量排放"等工程措施可有效减少地下水资源减少，且沿线无地下水型集中式饮用水水源地，影响较小 |
| 环境空气 | | 路基开挖、路面摊铺、原料和弃渣运输、施工作业 | TSP(扬尘)、沥青烟 | 施工扬尘污染范围有限，持续时间较短，且通过洒水抑尘、施工原料和弃渣密闭运输、遮蔽抑尘等措施可有效减缓扬尘污染；而路面摊铺产生的沥青烟污染物很有限，持续时间较短，影响较小 |
| 声环境 | | 机械设备施工作业、隧道爆破 | 等效连续A声级 | 选用低噪施工设备，并采取机械设备加装消声减振设施、施工场地设置临时声屏障、合理安排爆破时序等措施可有效控制施工期噪声污染，影响可接受 |
| 固体废物 | | 施工人员生活垃圾、施工废料和弃渣 | 固体废物污染、水土流失 | 施工人员生活垃圾、施工废料和弃渣产生量有限，通过合理弃置并采取固废污染防治措施可有效避免固废污染，对环境基本无影响 |
| 生态环境 | 土地利用 | 永久占地和临时占地 | 改变局部土地利用性质 | 项目用地占区县土地总面积和大熊猫栖息地总面积比例均很低，且项目用地已纳入区县土地利用总体规划，影响很小 |
| | 陆生植被 | 永久占地和临时占地、施工人员活动干扰、隧道开挖涌水 | 破坏植被、影响植被生长 | 桥隧比很高，占地数量较少，破坏植被数量较有限，破坏的植物物种主要为区域广泛分布的植物种类，但将直接占用数量较多的国家重点野生保护植物，以对国家一级重点野生保护植物珙桐的影响最为突出，对植被影响较大；通过采取野生保护植物移栽措施，并严格控制用地红线、加强施工管理，项目建设对珙桐等野生保护植物的不良影响可有效减缓，不会导致区域野生珙桐种群数量的锐减，更不会导致该物种的消失，对野生保护植物的影响可接受；通过采取严格的环境管理措施后，施工人员活动干扰破坏可有效控制和避免，影响较小；隧道开挖涌水量一定程度上可控，隧道埋深大，且隧道顶部植被生活用水主要来源于大气降水和浅层地下水，故隧道开挖涌水对隧道顶部植被影响较小 |

| 环境要素 | | 影响源 | 主要污染物/影响 | 影响分析 |
|---|---|---|---|---|
| 生态环境 | 野生动物 | 永久占地和临时占地、施工人员活动干扰、机械设备施工作业、隧道爆破 | 惊扰或伤害野生动物、破坏动物栖息地 | 由于桥隧比高、明线工程短，明线路段多为峡谷区域，昼间野生动物较少出没，故对野生动物的惊扰和伤害影响较小；占用的植被类型面积占区域总面积比例极低，且均为区域广布类型，故对野生动物栖息地影响较小；通过采取严格的环境管理措施后，施工人员活动干扰破坏可有效控制和避免，影响很小 |
| | 水生生物 | 生活废水、施工生产废水、隧道开挖涌水 | 水生生物个体伤亡、水生生物生境变化 | 生产生活废水经采取污水处理设施集中处理等一系列措施后可有效控制和避免造成地表水环境污染，对水生生物影响小 |
| | 生态系统 | 各项施工活动 | 影响生态系统完整性、稳定性、服务功能等 | 施工占地有限，受影响的动植物种类主要为区域广布物种，不会造成物种多样性减少和生态系统服务功能退化，也不会对生态系统完整性、稳定性等造成明显破坏 |
| | 自然景观 | 永久占地和临时占地 | 破坏自然景观 | 项目用地在施工期对景观的影响是不可避免的，但属暂时性影响，施工结束后随之消失，且通过对临时用地采取遮蔽防尘和用后及时复耕、造林等措施可适当减缓景观破坏，影响可接受 |
| | 水土保持 | 永久占地和临时占地 | 水土流失 | 通过采取项目水土保持方案和环评报告中各项水土保持措施后，水土流失影响可有效控制，影响可接受 |

该项目施工期对大熊猫栖息地地表水环境、陆生植被和野生动物的影响分析如下：

## 1. 对地表水环境的影响

乐西高速施工期对大熊猫栖息地地表水的污染主要来源于施工营地施工人员的生活废水、施工生产废水、隧道开挖涌水，以及雨期对施工迹地污染物冲刷形成的初期雨水。其中，生活废水污染物主要为 COD、$BOD_5$、$NH_3-N$、磷酸盐、动植物油等，施工生产废水和初期雨水污染物主要为 SS 和石油类等，隧道开挖涌水一般为清洁水。可见，若施工期间生活废水、施工生产废水、初期雨水随意排放很可能会对沿线地表水环境造成明显污染。但通过采取有效的地表水环境保护措施后，以上影响可得到有效控制和避免，如生活废水经生活污水处理设施处理后可用于场区绿化用水、山地林灌用水；施工生产废水、初期雨水收集后，经隔油、沉淀等简易处理后可用于场区洒水抑尘、绿化用水或山地林灌用水；隧道开挖通过工作面超前预注浆、布置超前水平钻孔探测、"以堵为主、限量排放"等工程措施可有效减少地下水资源涌水量，并对涌水清污分流等。

### 2. 对陆生植被的影响

乐西高速施工期对大熊猫栖息地陆生植被的影响主要来源于项目永久占地和临时占地对地表植被的破坏、隧道开挖涌水造成地下水资源减少间接影响隧道顶部植被的生长，以及施工人员活动干扰对地表植被的破坏。

（1）施工期，永久工程和临时工程占地会对地表产生扰动，从而破坏地表植被，造成大熊猫栖息地植被生物量和生产力的损失。由于占用的土地面积、损失的生物量和生产力均不足项目所涉及的大熊猫栖息地总面积、总生物量、总生产力的 0.1%，且被破坏的植被主要为峨眉栲、桦木、青冈、槭树、桤木、栎类、高山杜鹃、西南绣球、枹栎、木姜子、金丝梅、胡枝子、西南凤尾蕨等区域广泛分布的物种和植被类型，项目将直接占用数量较多的国家重点野生保护植物（尤其是国家一级重点野生保护植物珙桐），通过对项目用地红线内的珙桐等野生保护植物的生活习性、生境进行详细调查，就近寻找相似生境作为移栽地，结合区域气候条件，注重移栽过程、移栽后对移栽植株的养护和管理，最终科学制定野生保护植物移栽方案，经采取野生保护植物移栽措施，并严格控制用地红线、加强施工管理后，项目建设对珙桐等野生保护植物的不良影响可有效减缓，不会导致区域野生珙桐种群数量的锐减，更不会导致该物种的消失，可有效控制对野生保护植物的影响。因此，该项目不会造成大熊猫栖息地植物物种多样性的降低，更不会威胁到大熊猫栖息地生态系统的完整性、稳定性。

（2）该项目在大熊猫栖息地路段隧道比例很高，且隧道工程具有数量多、规模大、埋深大的特点，因此隧道开挖涌水造成地下水资源减少对隧道顶部植被生长的间接影响尤为重要。

① 五彝垮隧道、关门山 1～6 号隧道：由于各隧道穿越山体中上部，侵蚀基准面以上，加之山脊两侧斜坡较缓，主要为粉质黏土、碎石土覆盖，仅局部见基岩露头，地下水主要依靠其斜坡中上部露头部分补给，而表层土体下渗补给较弱，降水入渗补给面积有限，地下水多沿层间节理裂隙并向两侧处于最低位置的冲沟排泄，不利于地下水的贮集，且具径流途径短、排泄迅速的特点，因此地下水富水性差。由于隧道地处中山区，地形总体较高陡，地下水储水条件差，大气降水补给后，迅速排泄；地下水水位埋深大。经分析，隧道开挖时地下水大多以滴水、线状出水为主，偶可遇小股状出水，不会发生涌突水现象。只要采取有效的排水措施，洞室开挖对地下水的影响不大。

② 雷马屏隧道、罗彻隧道、银厂沟隧道：212 和 214 国有林场路段主要

分布有飞仙关组砂泥岩裂隙弱含水层（相对隔水层）、玄武岩裂隙弱含水层（相对隔水层），以及茅口组灰岩地层，这三套含水层占 A2 标段西宁段隧址区的 80%。隧道穿经弱含水层和相对隔水层，这些地层本身富水性低，与地表水水力联系紧密度较差，隧道埋深一般大于 200 m，基岩裂隙闭合，隧道基本对地下水的疏排作用十分有限。

③ 桂花隧道、麻咪泽隧道、大风顶隧道、大凉山 1 号隧道（雷波方向路段）：该路段主要为茅口组岩溶含水层，以管道水为主，因管道较大，往往成为地下水相对集聚的通道，由于隧道标高处于区域地下水的垂直循环带内，主要遭遇的为地表水经垂向岩溶直接补给的水体，地下水水力之间联系不紧密，隧道开建并不会导致新形成的降落漏斗向周边大范围的袭夺，故对原始地下水流场影响并不直接和明显。因地下水主要集中于水平循环带内，受隧道开挖影响相对较小，加之该段林木发育度高，地表覆盖层保水性好，地表水大多被植物根系吸附，成为第四系潜水存在。

综上分析，该路段隧道工程主要穿经弱含水层和相对隔水层，这些地层富水性较差，且隧道埋深较大，隧道施工开挖对地下水的影响较小；经岩溶含水层的隧道，由于标高处于区域地下水的垂直循环带内，主要遭遇的为地表水经垂向岩溶直接补给的水体，地下水水力之间联系不紧密，隧道开建不会导致新形成的降落漏斗向周边大范围的袭夺，故对地下水流场影响有限。同时，大气降水是该路段各隧道顶部植被的主要补给水源，且区域林木发育度高，地表覆盖层保水性好，地表水大多被植物根系吸附。因此，隧道施工基本不会对隧道顶部植被生长产生明显影响。

（3）此外，若施工管理不当，施工人员环保意识不强，施工人员行为活动也可能对植被造成不必要的破坏。区域森林覆盖率较高，若未能严格控制项目用地范围和严格管理施工人员行为活动，很容易对永久用地和临时用地以外的植被造成不必要的破坏，尤其是在大风顶服务区附近，其周边区域分布有数量较多的野生保护植物——珙桐。此方面影响通过加强施工管理可得到有效控制和避免，影响轻微。

### 3. 对野生动物的影响

施工期对野生动物的影响主要表现在机械设备施工作业噪声和隧道爆破振动对野生动物的惊扰、施工占地占用野生动物栖息地、施工人员活动对野生动物的影响。

（1）施工噪声和爆破振动的惊扰。

施工期，机械设备施工作业噪声、隧道爆破噪声和振动都会对施工作业区周边的野生动物产生惊扰，使其远离施工作业区，间接地造成小范围内大熊猫栖息地的动物多样性降低、声环境质量降低。由于桥隧比高、明线工程短，明线路段多为峡谷区域，昼间野生动物较少出没，且施工活动是暂时的，故对野生动物的惊扰和伤害影响较小。同时，施工影响范围内无大熊猫痕迹点分布，不会对大熊猫的生命活动产生干扰，对大熊猫基本无影响。

（2）施工占地占用野生动物栖息地。

施工期，永久工程和临时工程占地会对地表产生扰动，从而破坏地表植被，造成大熊猫栖息地和潜在栖息地内的野生动物栖息地被占用和破坏。由于占用的土地面积不足项目所涉及的大熊猫栖息地和潜在栖息地总面积的0.1%，且占用的野生动物栖息地类型（植被类型）在区域内广泛分布，故野生动物栖息地被占用和破坏的数量很少，它们可以通过迁移到周边地区重新获得相近的栖息地，项目建设不会对它们的生境造成明显的破坏和丧失。因此，该项目施工占地对野生动物栖息地的影响是轻微的。同时，经现场调查表明，大熊猫现实栖息地主要分布在竹类资源丰富的大熊猫栖息地中，而该项目占用的大熊猫栖息地为人类活动频繁的谷堆乡农耕区，其周边无竹类资源分布，因此该项目不占用大熊猫现实栖息地。

（3）施工人为活动干扰。

施工期，施工人员的行为活动带来的人为干扰是对该项目所涉及的大熊猫栖息地最不确定的干扰因素。若管理不当或施工人员环境保护意识不强，可能会因为施工人员随意扩大活动范围，对项目用地以外的区域造成不必要的植被破坏、野生动物生命活动干扰，甚至威胁野生保护动植物的生命安全。因此，在施工期需加强管理，严格控制区域项目用地和施工人员活动范围，禁止施工人员在项目用地以外的区域活动，尤其应禁止施工人员随意进出林区；同时，施工进场前需开展施工人员环保培训，提高其环保意识；严惩随意破坏植被、伤害野生动物等不利于环境保护的行为。如此，通过采取环境保护管理措施后，施工人为活动干扰对大熊猫栖息地野生动物的影响可得到有效控制，产生的不良影响极小。

综上所述，施工期通过采取有效的环境保护措施后，项目建设对大熊猫栖息地的环境影响可得到有效减缓和控制，影响较小。

（三）运营期对大熊猫栖息地的影响分析

乐西高速所经之地不属于大熊猫分布点，所涉及的大熊猫栖息地主要为大熊猫潜在栖息地，是大熊猫栖息地的最南分布区，属凉山山系大熊猫栖息地的边缘地带，其内的大熊猫种群数量极少。

在大熊猫栖息地内路线长度仅约为 5.77 km，主要以大桥和隧道形式穿越，隧道比例 67.42%，桥隧比 71.75%。其中，隧道段（大凉山 1 号隧道）最大埋深 1046.6 m，对大熊猫及其栖息地基本无影响；明路路段，桥梁最大桥高 27.4 m，平均最大桥高 23.0 m，还设置多处涵洞通道，且均位于谷堆乡场镇农耕区内或边缘区域，人为活动强烈，自然生态保有性较差，因此该路段对大熊猫及其栖息地影响轻微。总的来说，该项目主要以大桥、特长隧道形式经过大熊猫栖息地，且明路路段均位于人为活动强烈的谷堆乡场镇农耕区，故该项目对大熊猫及其栖息地的影响轻微，是可以接受的。

乐西高速涉及的较大范围的大熊猫潜在栖息地内尚未发现有野生大熊猫分布，更不是大熊猫个体交流的关键廊道，而该项目工程主线在该区域主要以大桥、长大隧道形式经过大熊猫潜在栖息地，桥隧比高达 92.47%，隧道口皆位于山体间靠近山谷的半山腰上，出隧道口紧连高架桥至进入下一隧道口。这些路段隧道最大埋深 1020.8 m，平均最大埋深 303.92 m；最大桥高达 106.3 m，平均最大桥高达 40.2 m。此外，大风顶互通的永红、罗山溪连接线约有 22.65 km 穿越大熊猫潜在栖息地，虽然桥隧比例较低（隧道比例 2.74%，桥隧比 12.54%），但互通连接线非全封闭且部分路段沿既有低等级道路改建，故影响有限。因此，该项目不会对大熊猫潜在栖息地产生明显的地理阻隔，对大熊猫潜在栖息地的影响较小。

此外，乐西高速主要以特长隧道（大风顶隧道、大凉山 1 号隧道）形式经过大熊猫的两处走廊带区域，因此该项目不会阻断大熊猫种群交流的廊道，对大熊猫迁移交流及其廊道的影响很小。

综上所述，该项目所经之地不属于大熊猫分布点，并主要以特长隧道形式经过大熊猫栖息地、大熊猫潜在栖息地和大熊猫走廊带，不会阻断大熊猫个体交流的廊道，对大熊猫的迁移活动影响程度较小；且所涉及的较大范围的大熊猫潜在栖息地已无大熊猫分布点，路线主要以大桥和长大隧道形式穿越，也不会对该栖息地造成明显的阻隔影响和人为干扰。因此，该项目运营对大熊猫栖息地的影响较小。

运营期，乐西高速对大熊猫栖息地的各环境要素影响分析详见表 5.2.3。

表 5.2.3  乐西高速运营期对大熊猫栖息地环境要素影响分析表

| 环境要素 | | 影响源 | 主要污染物/影响 | 影响分析 |
|---|---|---|---|---|
| 地表水 | | 初期雨水、沿线服务设施生活废水 | 石油类、SS、COD、$BOD_5$、氨氮、总磷等 | 初期雨水和服务区生活废水排放量均较有限，通过采取污水处理措施可有效控制和避免造成地表水环境污染，对地表水环境影响小 |
| 环境空气 | | 车辆行驶扬尘和汽车尾气、服务区餐饮油烟 | TSP、CO、$NO_x$、餐饮油烟 | 车辆行驶扬尘和汽车尾气排放量较小，影响轻微；服务区餐饮油烟排放量有限，通过采取餐饮油烟污染防治措施后影响轻微 |
| 声环境 | | 交通噪声 | 等效连续A声级 | 沿线基本为深山无人区，仅在谷堆乡场镇路段有居民居住且规模较大，因此交通噪声主要影响对象为野生动物，又由于桥隧比高、明线工程短，明线路段野生动物较少出没，故影响较有限，通过采取噪声防治措施后，交通噪声影响可有效减缓，影响可接受 |
| 固体废物 | | 沿线服务设施生活垃圾 | 固体废物 | 生活垃圾产生量有限，通过采取固废污染防治措施可有效避免固废污染，对环境基本无影响 |
| 生态环境 | 土地利用 | 临时用地复垦与造林 | 恢复土地利用性质 | 正面影响 |
| | 陆生植被 | 车辆行驶扬尘和汽车尾气、临时用地复垦与造林 | 干扰植被生命活动 | 车辆行驶扬尘和汽车尾气污染物排放量很少，对植被影响轻微；临时用地复垦、造林为正面影响 |
| | 野生动物 | 交通噪声、道路阻隔 | 交通噪声、夜间车辆灯光惊扰野生动物，阻隔种群交流 | 由于桥隧比高、明线工程短，明线路段野生动物较少出没，故交通噪声、道路阻隔影响较为有限，通过采取设置挡光声屏障、动物通道后，对野生动物的影响可有效减缓，影响可接受 |
| | 水生生物 | 初期雨水、沿线服务设施生活废水 | 雨期改变局部地表水水质 | 初期雨水和服务区生活废水排放量均较有限，通过采取污水处理措施可有效控制和避免造成地表水环境污染，进而对水生生物影响小 |
| | 生态系统 | 公路永久占地和景观绿化、临时用地复垦与造林 | 影响生态系统完整性、稳定性、服务功能等 | 项目用地有限，施工结束后基本不再对生态系统产生干扰和破坏，不会造成物种多样性减少和生态系统服务功能退化，也不会对生态系统完整性、稳定性等造成明显破坏；而道路景观绿化和临时用地复垦、造林是对施工期产生的不良影响的恢复和补偿 |

续表

| 环境要素 | | 影响源 | 主要污染物/影响 | 影响分析 |
|---|---|---|---|---|
| 生态环境 | 自然景观 | 公路永久占地和景观绿化、临时用地复垦与造林 | 影响景观质量 | 形成规律、曲美的公路线性景观，景观影响轻微；道路景观绿化和临时用地复垦、造林为正面影响 |
| | 水土保持 | 景观绿化、临时用地复垦与造林 | 水土保持 | 正面影响 |
| 环境风险 | | 有毒有害等危险物质运输 | 危险物质泄漏引发火灾、爆炸、中毒等风险事故 | 风险事故发生概率极低，影响小 |

## 三、大熊猫栖息地的环境保护对策

### （一）设计优化措施

公路路线优化选线、临时工程优化选址，尽量避绕珙桐等野生保护植物集中分布区，确需穿越占用的应采用以桥代路或收缩路基边坡的形式，尽量避免对野生保护植物的占用和破坏。

### （二）管理措施

（1）在施工期需加强管理，严格控制项目用地和施工人员活动范围，禁止施工人员在项目用地以外的区域活动，尤其应禁止施工人员随意进出林区。

（2）施工进场前需开展施工人员环保培训，提高其环保意识。

（3）严惩随意破坏植被、伤害野生动物等不利于环境保护的行为。

（4）优化施工时段。避免晨昏施工作业，禁止夜间施工；隧道爆破和高噪声设备作业时间段应尽量集中，尤其应减少隧道爆破作业频次。

（5）优化弃渣场布置，尽量减少大熊猫栖息地和潜在栖息地内的临时工程，尤其应尽量减少在其内布置弃渣场，且不得在四川麻咪泽省级自然保护区内设置弃渣场。

（6）严格控制项目临时用地区域，不得随意新增施工便道、施工场地、弃渣场等临时用地。

（7）运营期，定期检查和维护各环保设施。

（三）工程措施

（1）委托植物移栽方面专业技术团队，施工前对项目用地红线内的珙桐等野生保护植物进行详细逐株调查，明确各保护植物的生活习性、生境条件，就近寻找相似生境作为移栽地，并结合区域气候条件，注重移栽过程、移栽后对移栽植株的养护和管理，科学制定野生保护植物移栽方案，依法办理野生保护植物移栽手续；野生保护植物未经移栽保护，涉及野生保护植物占用区域不得开工建设。

（2）各施工场地需设置野生动植物保护宣传牌，重点突出对区域大熊猫、四川山鹧鸪、林麝、小熊猫、大灵猫、黄喉貂、珙桐、红豆杉、油麦吊云杉、连香树等主要保护对象的介绍和保护。

（3）施工期和运营期的生产生活废水均须经污水处理设施处理后优先用于洒水抑尘、冲洗、绿化、林灌等，利用后剩余的均须满足相关排放标准排放，但不得排入高卓营河及其支流、四川麻咪泽省级自然保护区内；施工生产废水中的石油类污染物在独立的有防渗措施的收集系统中贮存，且在贮存场所设置醒目的危废警告标志，最终委托危废处置资质单位统一处置。

（4）隧道开挖通过工作面超前预注浆、布置超前水平钻孔探测、“以堵为主、限量排放”等工程措施可有效减少地下水资源涌水量，并对涌水进行“清污分流”等。

（5）冷拌站密闭拌和；物料和弃渣均须遮盖运输、贮存；扬尘较大的各施工场地每天需洒水抑尘，保持施工场地路面潮湿。

（6）在施工场地边界设置临时声屏障，降低施工作业对野生动物的干扰。

（7）路基及边坡路段环隧道口设置防护栏、隔离网，高度需不小于2 m，防止野生动物进入高速公路。

（8）在桥梁两侧安装具有挡光效果的声屏障，降低交通噪声和夜间车辆灯光对野生动物的影响。

（9）利用桥涵兼作动物通道，并在设计上保持与其周边原始环境相一致。在穿越大熊猫栖息地和潜在栖息地的桥涵路段，桥孔、涵洞路面不硬化，需种植乡土灌木和攀缘藤本，绿化桥墩和路面，诱导公路两侧的野生动物利用桥孔、涵洞作为动物通道以进行物种交流、迁移。

（10）开展生态监测，在施工期和运营期监测隧道顶部植被生长状况、区域野生动物活动规律（含动物通道利用情况），并及时调整相关环保措施。

（11）参照该项目水土保持方案，严格落实施工期对主体工程区、弃渣场、取土场、施工道路和施工生产生活区等用地区域采取的水土保持措施，主要有：①临时措施，如土袋拦挡、土工布、无纺布、防雨布等；②植物措施，如覆土、撒播草籽、灌籽等；③工程措施，如土夹石开挖与回填、砂浆抹面、表土剥离、复耕等。

### （四）植被恢复措施

本评价要求该项目在大熊猫栖息地和潜在栖息地内新增临时占地均须恢复为竹林、桦木林、栎林等亚热带山地常绿、落叶阔叶混交林。恢复物种采用乡土植物物种乔、灌、草相结合的方式配置。建议选用峨眉栲、青冈、石栎、桤木、青榨槭、杨叶木姜子等乔木，西南绣球、枸木、胡枝子、小果蔷薇、枸子、矮高山栎等灌木，以及箭竹、白茅、野青茅、竹叶草、芒萁、西南凤尾蕨等草本。植被恢复后应加强养护管理，确保植株成活率。

## 四、讨论

下面主要根据不同地区的公路工程特点和自然地理条件等从环境影响分析和环境保护措施方面进行分析讨论。

### （一）环境影响分析方面

公路工程在穿越大熊猫栖息地等生物多样性丰富区域的路段时，应根据具体工程的特点、自然地理条件、生态环境现状等分析其施工期、运营期对生态环境可能产生的具体影响。一般地，公路工程建设项目在不同地区，其对生态环境的主次影响是不同的。

乐西高速涉及的大熊猫栖息地和潜在栖息地路段具有桥梁和隧道数量多且规模大、桥隧比高的特点，区域为海拔 1200～3200 m 的中山、高山地区，地表起伏大，地形崎岖，峰峦重叠。因此，该项目占地对生态环境的影响是有限的，同时也决定了其在运营期对野生动物的交通阻隔影响也很小。若是在地势平坦的开阔地区，公路工程一般具有隧道比例低、占地规模大的特点，则项目建设对陆生生态系统的影响尤为明显，生态敏感性更为突出；同时，如何优化设计提高桥梁、隧道的比例以降低运营期对野生动物交通阻隔的影响显得尤为重要，若设计上未充分考虑环境保护，就可能造成严重的环境问题，显然项目建设是不可行的。

乐西高速所穿越的大熊猫栖息地和潜在栖息地路段地表水环境质量功能

区为Ⅱ、Ⅲ类，以季节性小型溪沟为主，无鱼类资源分布，其他水生生物均为区域广布种。因此，该项目对地表水环境和水生生态的影响较小，重点是对Ⅱ类地表水环境功能区的保护。若是在江河水系发育、鱼类资源丰富的地区，公路工程对地表水环境和水生生态的影响也是不容忽视的。

乐西高速所穿越的大熊猫栖息地和潜在栖息地路段隧道比例高，且区域地下水资源较丰富。因此，应根据各隧道工程的具体特点，结合区域地下水情况，分析隧道对地下水水位的影响，明确是否可能导致顶部输干进而影响隧道顶部植被的生长。故该项目隧道施工对地下水和隧道顶部植被生长的影响是十分重要的。若是在隧道比例低的平坦、开阔地区，公路工程对地下水和隧道顶部植被生长是基本无影响的，此方面也是可以弱化甚至不予考虑的。

（二）环境保护措施方面

公路工程应根据施工期、运营期对生态环境可能产生的具体影响，提出具有针对性地避免、减缓和补偿不良影响的措施。例如，在穿越大熊猫栖息地等生物多样性丰富区域的交通类线性工程时，设置动物通道往往是必不可少的一项重要措施。

野生动物通道从形式上可分为三种，即上跨式通道（含林冠通道）、下穿式通道和缓坡通道。上跨式通道主要是以搭建"过街天桥"的形式修建，使野生动物从道路上方通过；下穿式通道则是在道路下方修建通道，让野生动物从道路下方通过，主要形式有高架桥、涵洞、涵管、地道等；缓坡通道是通过改造路基，降低道路路基两侧的坡度，使野生动物穿越道路的一种通道形式。

动物通道的设置应根据具体的自然地理条件选取不同类型的动物通道，如在平坦开阔的地区，应优先考虑上跨式通道（含林冠通道）或下穿式通道；平行于峡谷地区，应同时兼顾考虑缓坡通道、上跨式通道；横跨峡谷地区，应优先考虑下穿式通道。同时，动物通道的可利用性最为关键，服务于不同种类野生动物的动物通道，其尺寸大小、周边环境等在设计上也有不同的要求，均须予以充分考虑，一般应保持与其周边原始环境相一致。乐西高速穿越大熊猫栖息地和潜在栖息地路段为中山、高山地区，主要以隧道、桥梁形式穿越，因此该路段的野生动物通道均为高架桥、涵洞等下穿式通道；动物通道在设计上保持与其周边原始环境相一致，在各明线路段均有设置，数量合理，且桥孔、涵洞大小可供区域大、中、小型野生动物使用，设置基本合理；同时，考虑到桥孔型动物通道存在交通噪声和车辆夜间灯光可能对野生动物产生惊扰的问题，影响其对通道的利用，因此在桥梁路段均要求设置兼具挡光功能的声屏障，并要求在运营期开展野生动物对动物通道利用情况的监测以调整和优化相关环保措施。因此，该项目动物通道的设置可行性较高。

此外，公路工程的路基边坡、桥梁路段一般都设置有防护栏，尤其是高速公路，但一般未考虑将防护栏延伸环绕隧道口，在穿越大熊猫栖息地等生物多样性丰富区域的公路工程则不容忽视，应考虑存在野生动物从隧道口顶部误入公路的情况，包括一些隧道的斜井口，也是存在可能的，因此要针对具体的工程内容和特点提出相应的防护措施。

## 五、结论

公路工程对大熊猫栖息地等生物多样性丰富区域的环境影响不可一概而论，应立足于具体工程的特点、自然地理条件、生态环境现状等，切合实际、客观地分析和评价其对环境的影响程度，并提出具有针对性的环境保护措施。

乐西高速基本以隧道、桥梁的形式穿越大熊猫栖息地和潜在栖息地紧密、连片分布区，所经之地不属于大熊猫分布点，并以特长隧道形式下穿大熊猫走廊带，且无隧道斜井，不会阻断大熊猫个体交流的廊道，对大熊猫等野生动物种群交流影响轻微；占用大熊猫栖息地和潜在栖息地面积较小，不足马边彝族自治县和雷波县大熊猫栖息地和潜在栖息地总面积的 0.1%，且不占用大熊猫现实栖息地，对大熊猫栖息地和潜在栖息地影响较小。在针对项目建设对大熊猫栖息地和潜在栖息地可能造成的具体影响提出有效防治措施并予以严格落实的情况下，乐西高速建设对大熊猫栖息地和潜在栖息地的影响较小。

# 第三节　水生生态敏感型公路工程案例分析

## 一、案例项目及项目区概况

### （一）项目概况

镇广高速是《四川省高速公路网规划（2014—2030 年）》规划新增的

11 条强化省际联系通道之一。该项目位于四川省东部，自巴中市通江县向北至陕西省镇巴县，向南经广安市连接重庆市，形成南北出川大通道，完善了四川省高速公路网，可大大加强川陕、川渝省际的联系，为川陕革命老区的社会经济发展提供交通基础保障和支撑，对进一步实现区域协调发展具有重要的意义；也是强化川渝合作，促进成渝城市群发展及成渝双城经济圈发展的高速公路通道。

镇巴（川陕界）至广安高速公路全长约 246 km，采用双向四车道高速公路标准，设计速度 100 km/h，路基宽度 26.0 m。镇广高速川陕界至通江段工程主线及两河口支线较长路段沿大通江河及其支流布设，共涉及四川诺水河珍稀水生动物国家级自然保护区、大通江河岩原鲤国家级水产种质资源保护区两处水生动物自然保护地，几乎全线沿水生动物自然保护地布设。

根据镇广高速川陕界至王坪段、王坪至通江段工程可行性研究报告，镇广高速川陕界至通江段工程主线全长约 83.372 km。全线设桥梁 26379 m（77 座），隧道 30110 m（19 座），桥隧比为 67.76%；设互通立交 7 座，连接线 6 条；设服务区、管理中心、养护工区、隧道管理所各 2 处、收费站 7 处、停车区 1 处。此外，于通江县长坪镇设两河口支线，设计速度 80 km/h，路基宽度 25.5 m，全长 14.37 km，设桥梁 5615 m（16 座），隧道 2620 m（5 座），桥隧比 57.3%；设置一般互通立交 1 座，连接线 1 条，收费站 1 处。

（二）项目外环境概况

项目沿线地表海拔 350～1200 m 之间，属中、低山区，包括中切割低山、中切割中山和深切割中山，呈"三山夹两谷"地形。项目区水系属嘉陵江水支流渠江水系，水系都以横穿构造走向发育为主，呈树枝状分布，水系发达，主要有大通江河及其一级支流尹家河、月滩河。不良地质发育主要有软弱地基、砂泥岩的风化碎落、崩塌及岩堆等。

区域环境敏感性强。自然保护地分布密集，诺水河珍稀水生动物国家级自然保护区、大通江河岩原鲤家级水产种质资源保护区几乎完全覆盖项目沿线大通江河、尹家河干流，四川五台山猕猴省级自然保护区与诺水河珍稀水生动物国家级自然保护区的铁溪镇经长坪镇至泥溪镇河段河道左岸紧密相连；生态保护红线的分布具有面积大、分布广的特点，或为山区成片密集分布，或为沿河带状连片分布，仅在少数区域为稀疏斑块状分布。大通江河一级支流月滩河（长胜乡以上）水质良好，属Ⅰ类地表水水域环境功能区。此外，项目沿线还分布有多处集中式饮用水水源保护区及永久基本农田保护区等环境敏感区。

本项目沿大通江河右岸、尹家河右岸布设，基本与区域既有交通干道G347（永安镇至铁溪镇）、034乡道（长坪镇至两河口镇）、X047（铁溪镇至陕西省镇巴县）、X165（诺江镇至毛浴镇）共用走廊带通道，且项目路线均位于临既有交通干道背河一侧。区域属中低山峡谷地区，既有交通干道临河而建，背河一侧地形陡峭，高差明显，陡坡上无人类活动痕迹，仅在较平缓地区有居民住宅分布，且周边土地已开垦。

### （三）镇广高速川陕界至通江段与水生动物自然保护地的关系

项目主线约43 km，两河口支线全线、4座互通立交、4条连接线、1处服务区等沿四川诺水河珍稀水生动物国家级自然保护区（大通江河、尹家河右岸）布设；主线共计3次以大跨径桥梁形式一跨而过该保护区，其中2次跨越核心区、1次跨越缓冲区，在该保护区地面和水面均无修筑设施；为贯通全线施工，在保护区内拟修建2座15 m标准跨径临时施工钢便桥，桥长分别为67.2 m、120 m，桥宽3 m，钢管桩外径80 cm、厚8 mm，涉水钢管桩共6组，其中尹家河2组、大通江河4组，每组3个钢管桩，每组占地1.5 m²；保护区外的跨水桥梁共41座（保护区支流河沟），均无涉水桥墩，但与保护区河道距离较近。

项目主线约10 km，瓦室互通及连接线、瓦室停车区、瓦室收费站等沿大通江河岩原鲤国家级水产种质资源保护区（大通江河、月滩河左岸）布设，且瓦室互通连接线以大跨径桥梁形式一跨而过大通江河岩原鲤国家级水产种质资源保护区核心区，在该保护区地面和水面均无修筑设施。图5.3.1为镇广高速与水生动物自然保护地区位关系图。

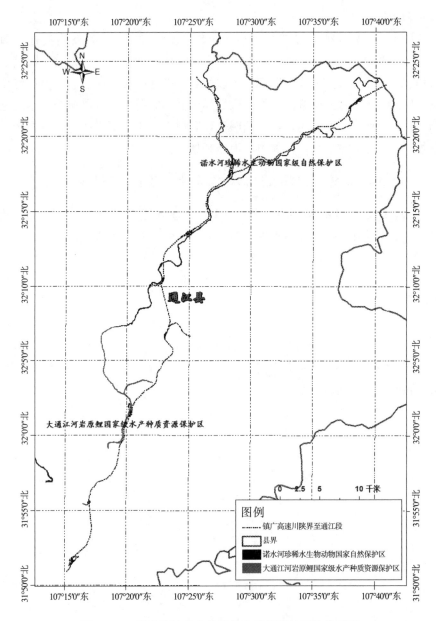

图 5.3.1　镇广高速与水生动物自然保护地区位关系图

## 二、项目对水生动物自然保护地的环境影响分析

根据《环境影响评价技术导则 生态影响》（HJ 19−2011），生态评价等级为一级，生态评价范围主要为道路中心线两侧各 500 m 以内区域，以及

各临时工程边界外延 300 m；在水生生态评价范围为诺水河珍稀水生动物国家级自然保护区、大通江河岩原鲤国家级水产种质资源保护区内的大通江干流及其支流尹家河（铁溪河，四川境河段）、月滩河（沙溪镇徐家院至文胜乡河段），以及项目跨越的上述河流支沟桥位上游 500 m 至沟口。

（一）环境影响要素识别

根据镇广高速川陕界至通江段涉及的水生动物自然保护地路段的工程特点和环境现状，结合有关建设项目环境影响评价技术导则要求，按施工期和运营期对水生生物影响对象的影响要素进行识别筛选，识别结果见表 5.3.1。

表 5.3.1　镇广高速川陕界至通江段对水生动物自然保护地环境影响要素识别表

| 影响对象 | | | 施工期 | | | | | | 运营期 | | |
|---|---|---|---|---|---|---|---|---|---|---|---|
| | | | 路基及边坡 | 路面 | 桥涵 | 隧道 | 临时工程 | 机械作业 | 公路运营 | 生态恢复 | 景观绿化 |
| 水生生物 | 水生植物 | | | | | | ▲ | | | | |
| | 自游生物（游泳生物） | 鸟类（水鸟） | ▲ | | ▲ | ▲ | ▲ | ● | | | |
| | | 哺乳类 | | | | | | | | | |
| | | 两栖类 | | | | | | | | | |
| | | 爬行类 | | | | | | | | | |
| | | 鱼类 | | | | | | | | | |
| | 其他水生生物 | 浮游生物 | ▲ | | ▲ | ▲ | ▲ | ▲ | | | |
| | | 漂浮生物 | | | | | | | | | |
| | | 底栖生物 | | | | | | | | | |
| 水生生物生境 | 地表水 | | ▲ | | ▲ | ▲ | ● | ▲ | ▲ | △ | △ |
| | 陆生植被（水土保持） | | ● | | ▲ | ▲ | ● | | | △ | △ |
| | 声环境 | | | | ▲ | | | ▲ | ▲ | △ | △ |
| | 固体废物 | | ▲ | | ▲ | | ● | | | △ | △ |

注：负面影响——明显■，一般●，很小▲；正面影响——明显□，一般○，很小△；空白表示无影响。

（二）施工期对水生动物自然保护地的影响分析

根据镇广高速川陕界至通江段涉及的水生动物自然保护地路段的工程特点和环境现状，该项目施工期对水生动物自然保护地的影响重点表现为涉水钢便桥（临时工程）安装和拆除、施工生产生活废水对水生生物及生境的影响，路基及边坡、临时工程占地和开挖对植被的破坏，加剧水土流失，进而对水生生物及生境的影响。施工期，镇广高速川陕界至通江段对各环境要素影响分析详见表 5.3.2。

表 5.3.2　镇广高速川陕界至通江段施工期对水生动物
自然保护地环境要素影响分析表

| 影响对象 | | 影响源 | 主要污染物/影响 | 影响分析 |
|---|---|---|---|---|
| 水生生物 | | 水中施工活动意外伤害或施工人员故意伤害 | 水生生物直接伤亡 | 该项目主体工程无涉水桥墩等高强度水体施工活动，临时施工钢便桥涉水桥墩规模很小且属临时性轻微影响，施工活动基本不对各类水生生物造成直接伤害；施工人员故意伤害水生动物可通过加强施工管理有效避免。同时，水獭在该项目的大通江河段无分布；大鲵、乌龟、鳖及各种鱼类等水生动物的趋利避害能力较强；其他水生生物均为区域广泛分布的常见种。因此，该项目施工对水生生物的直接伤亡影响很小 |
| 水生生物生境 | 地表水 | 施工生活废水、施工生产废水及受污染的隧道涌水 | 石油类、SS、COD、BOD$_5$、氨氮、总磷等污染物排放，造成水生生物生境水环境质量下降，间接影响水生生物生命活动 | 经采取隧道涌水排放结合、清污分流，施工生产生活废水经污水处理设施集中处理回用施工抑尘、设备和厕所冲洗、绿化等措施可有效控制和避免造成地表水环境污染，对地表水环境影响可有效控制，不会造成沿线地表水环境质量明显降低。因此，该项目施工生产生活废水、隧道涌水对水生生物生境水环境质量影响可控，影响程度较小 |
| | 陆生植被 | 永久占地和临时占地对地表植被破坏造成地表裸露 | 水土流失加剧，造成水生生物生境水环境质量下降，间接影响水生生物生命活动 | 水土流失加剧对水生生物生境的影响主要是会导致其水环境悬浊度增大，经采取设置截排水沟、防雨遮盖、植被恢复、墙袋拦挡等水保措施后，不良影响可得到控制和减缓，基本不会造成水质污染，影响较小 |
| | 声环境 | 机械设备施工作业 | 施工噪声干扰造成水生生物生境声环境质量下降，间接影响水生生物生命活动 | 河道多位于施工场地声影区，且经采用低噪施工设备、机械设备加装消声减振设施、施工场地尽可能远离河道及设置临时声屏障等措施可有效控制和减缓施工期噪声对水生生物生境声环境质量的影响 |
| | 固体废物 | 施工人员生活垃圾、施工废料、施工土石开挖和废弃 | 固体废物污染造成水生生物生境水环境质量下降，间接影响水生生物生命活动 | 施工人员生活垃圾、施工废料和废弃土石方通过采取施工遮盖、施工拦挡、统一收集至垃圾处理场或弃渣场处理等固废污染防治措施可有效避免、控制和减缓固废污染，对水生生物生境影响较小 |

该项目施工期对水生生物生境的主要影响分析具体如下：

（1）涉水施工钢便桥对水生生物及生境的影响。

因什字尹家河大桥附近无可连接尹家河左岸、满足施工材料和弃渣运输的既有道路，坪溪大通江大桥附近也无可连接大通江河左岸、满足施工材料和弃渣运输的既有道路，为贯通路线建设，拟在什字尹家河大桥、坪溪大通江大桥附近分别设置 1 座钢便桥，合计 2 座，这两处钢便桥的钢管桩施工安装和拆除需在保护区内临时涉水施工。

钢管桩施工安装和拆除采用液压振动锤（液压钳），安装和使用过程将占用尹家河、大通江河河道。涉水钢管桩共 6 组，其中尹家河 2 组、大通江河 4 组，每组 3 个钢管桩；钢管桩空心，外径 80 cm、厚 8 mm，每组占地 1.5 $m^2$（若考虑扣除内径，每组钢管桩实际占用河道仅 0.38 $m^2$），占用河道面积很小，且属临时暂用，在施工结束后，钢管桩及时采用拔桩机拆除，不再占用河道。

钢管桩规模很小，施工结束后即可拆除恢复原貌，属临时性、小面积占用。同时，水獭在该项目的大通江河段无分布；钢便桥桥位处不属大鲵、乌龟、鳖、岩原鲤等珍稀水生动物主要栖息地，珍稀水生动物分布数量很少，且水生动物多具有较强的趋利避害能力；受影响的水生生物均为区域广泛分布的常见种，主要为底栖生物、浮游生物。

综上分析，钢管桩规模很小，仅对保护区河道临时性、小范围占用和扰动，对河床稳定性、水文情势、水生生物生境影响轻微；钢管桩施工安装和拆除对水生动物基本无影响，受影响的水生生物均为区域广泛分布的常见种。

（2）施工废水对水生生物及生境的影响。

施工废水包括施工生产废水和施工生活废水。其中，生活废水污染物主要为 COD、$BOD_5$、$NH_3-N$、磷酸盐、动植物油等；施工生产废水主要为 SS 和石油类等。若施工期间施工生活废水、施工生产废水随意排放很可能会对沿线以水生动物自然保护地为主的地表水环境造成明显污染，进而污染水生生物生境。

通过采取生活废水经生活污水处理设施处理，施工生产废水经隔油、沉淀处理，而后将处理后的清洁水回用于施工抑尘、设备和厕所冲洗、绿化、林灌等水污染防治措施，不对外排放，可有效避免和控制施工生产生活废水对水生生物生境的污染。

（3）施工占地和开挖对水生生物及生境的影响。

施工期，项目永久占地和临时占地区地表开挖，将造成评价区大面积地表裸露，经雨水冲刷已造成严重水土流失，直接造成以水生动物自然保护地为主的沿线地表水环境质量下降，主要表现为水质浑浊，水体悬浊度明显增大，进而影响大鲵、乌龟、鳖、岩原鲤等珍稀水生动物，以及底栖生物、浮游生物等其他水生生物的生命活动，严重时还可能导致水生生物的伤亡。

此外，临河工程占地对地表开挖也可能对水生生物生境造成较大干扰，尤其是主体工程临河桥墩施工和沿河施工便道修筑。该项目沿峡谷、河谷布设，大通江河及其支流两岸地势较陡，河岸边坡开挖、河岸堆存施工原料和挖方均易造成土石挖方落入河道，加剧水土流失影响，从而直接影响水生生物生境质量。

通过在主体工程区、弃渣场、取土场、施工道路和施工生产生活区等项目用地范围内采取设置截排水沟、沉淀池、防雨遮盖、植被恢复、土袋拦挡、砂浆抹面和临河施工一律设置围挡等水保措施后，水土流失影响可得到控制和减缓，对水生生物生境的影响较小。

总体而言，该项目施工对水生生物的直接伤亡影响很小，对水生生物生境的影响将间接对水生生物的生命活动产生干扰，受影响的水生生物种类以区域广布的常见种为主，对珍稀水生动物的影响较小，不会导致水生动物大量伤亡，经采取相关防护措施后可有效避免、控制和减缓产生的不良影响。

（三）运营期对水生动物自然保护地的影响分析

镇广高速川陕界至通江段主体工程均采用大跨径桥梁形式一跨而过四川诺水河珍稀水生动物国家级自然保护区、大通江河岩原鲤国家级水产种质资源保护区两处水生动物自然保护地，在水生动物自然保护地无涉水桥墩等永久涉水构筑物，在运营期所有施工活动都已结束，公路边坡、绿化带等景观绿化和临时工程生态恢复也已完成，此时对沿线水生动物自然保护地的影响主要表现为交通噪声、雨期桥面径流及极小概率危化品运输风险事故对水生动物及其生境的干扰，类比同类公路工程而言，这些影响是轻微的。因此，该项目运营对水生动物自然保护地的影响较小。

运营期，镇广高速川陕界至通江段对各环境要素影响分析详见表5.3.3。

表 5.3.3　镇广高速川陕界至通江段运营期对水生动物

自然保护地环境要素影响分析表

| 影响对象 | | 影响源 | 主要污染物/影响 | 影响分析 |
|---|---|---|---|---|
| 水生生物生境 | 地表水 | 初期雨水、沿线服务设施生活废水，危化品运输风险事故 | 石油类、SS、COD、$BOD_5$、氨氮、总磷等污染物，危化品运输风险事故有毒有害物质泄漏，从而造成水生生物生境水环境质量下降，间接影响水生生物生命活动 | 初期雨水和服务区生活废水排放量均较少，通过采取桥面径流收集系统、生活污水处理设备处理等措施可有效避免和控制地表水环境污染，对地表水环境影响小；危化品运输风险事故发生概率极低，且经采取设置风险事故池、防撞墩、24 h 视频自动监控系统、限速和禁止超车标志牌等措施后，风险事故影响可控，影响较小 |
| | 陆生植被 | 景观绿化、临时用地复垦与造林 | 强化水土保持，减缓水土流失影响，水生生物生境水环境质量得到恢复 | 正面影响 |
| | 声环境 | 交通车辆 | 交通噪声造成水生生物生境声环境质量下降，间接影响水生生物生命活动 | 跨保护区处远离珍稀水生动物栖息地，且路线线位与河道水面高差较大，保护区河道多位于声影区，交通噪声经距离衰减对水生生物生境声环境质量影响较小 |
| | 固体废物 | 沿线服务设施生活垃圾 | 固体废物可能造成水生生物生境水环境质量下降，间接影响水生生物生命活动 | 服务设施生活垃圾产生量有限，经采取定期清理、统一收集至垃圾处理场处理等措施后可有效避免固废污染，对水生生物生境水环境基本无影响 |

## 三、水生动物自然保护地的环境保护对策

### （一）管理措施

（1）加强施工监督与管理，严格落实环境影响评价文件提出的地表水污染防治措施，营造良好的水生生物生境条件。

（2）施工进场前需开展施工人员环保培训，提高其生态环境保护意识，禁止以任何形式捕杀、伤害大鲵、乌龟、鳖、岩原鲤等水生动物，严惩蓄意捕杀鱼类等不利于水生生物及其生境保护的行为。

（3）什字尹家河大桥、长坪大通江大桥、坪溪大通江大桥、瓦室互通连接线特大桥等路段临水河岸、边坡开挖的土石方应当天清运至弃渣（土）场，避免隔夜堆存；确需隔夜堆存应进行遮盖（防止夜间雨水冲刷和起风扬

尘），临时堆放时长不超过 3 天。

（4）北斗坪隧道出口（东端）紧邻大通江河且河岸陡峭，应采用自进口端向出口端单向开挖方式，避免出口施工开挖造成山体滑塌，进而引发严重的水土流失影响水生动物自然保护地生境质量。

（5）下雨天不得进行临水河岸、边坡基础开挖施工，并禁止临时堆放土石方。

（6）优化跨水生动物自然保护地的 4 座主体工程大桥和 2 座施工钢便桥施工时序，于枯水期施工，并应避让鱼类繁殖期（每年 3—6 月）。

（7）跨水生动物自然保护地的 2 座施工钢便桥需对桥面缝隙进行封闭，在两侧进行挡护，并及时对桥面进行清扫；运渣车需进行遮盖，含水渣土需滤干后运输、泥浆水及其他施工废水等需用罐车运输，避免渣土、泥水和生产废水等在运输中外漏。

（8）禁止向水生动物自然保护地排放施工期和运营期的生产生活废水、固体废弃物等污染物。

（9）在水生动物自然保护地内开展各项施工建设活动须经保护地主管部门批准，在取得相关行政许可手续后方可实施建设。

（10）制定环境风险防范应急预案，建立与当地政府相关部门和受影响单位的应急联动机制。

（11）禁止施工人员及施工车辆、运营期过往车辆携带外来水生生物，尤其是入侵物种，降低生物入侵造成的生态风险事故。

（12）按项目对诺水河珍稀水生动物国家级自然保护区影响专题评价报告，及对大通江河岩原鲤国家级水产种质资源保护区影响专题论证报告有关要求，完成项目影响河段的水生生物及其生境生态监测。

（13）运营期，定期检查和维护各水生生物保护设施。

（二）工程措施

（1）施工生产废水中含 SS 较高的均须采用沉砂＋混凝沉淀＋过滤工艺，配备截排水沟、沉淀池、调节池、沉砂池、混凝剂、压滤机、气浮机、过滤器、砂石分离机等设备，沉淀过滤物并将其及时清运按建筑垃圾处理，废水经处理后回用生产，或作为机械设备冲洗、施工降尘用水，不对外排放；含油施工生产废水还需增设隔油工艺，配备隔油池、油水分离器等设备，分离出的油污经收集后须委托有油污处理能力的专业单位进行处置。

（2）施工期各施工生产生活区需设置生态厕所，经生态厕所处理后的清洁水回用于冲洗厕所、施工降尘、绿化、农林灌溉，沉淀物定期清运。设有食堂的施工生产生活区，还须配备一体化地埋式生活废水处理设备。生活废水处理设备为地埋式，主要由格栅池、调节池、生化池、二级接触氧化池、二沉池、消毒池、消化分解池等组成。经处理后的清净水可作为厕所和设备冲洗、施工降尘、绿化、农林灌溉，不对外排放。

（3）北斗坪隧道、得首尔隧道、永安隧道等长隧道开挖须采取对工作面超前预注浆、布置超前水平钻孔探测、"以堵为主、限量排放"等工程措施，并对涌水"清污分流"，对受污染的隧道涌水按施工生产废水处置，经处理满足相关标准后回用或排放。

（4）各临水施工场地需设置珍稀水生动物保护宣传牌，重点突出对大鲵、乌龟、鳖、岩原鲤等珍稀水生动物的介绍和保护。

（5）跨水生动物自然保护地 4 座主体工程大桥临河桥墩施工，以及临河布设的各临时工程边坡开挖，开挖前需设置围挡，防止开挖土石掉落河道；施工结束后，及时撤除围堰、围挡设施，将其恢复为原有地貌。

（6）施工过程严格落实主体工程区、弃渣场、取土场、施工道路和施工生产生活区等项目用地范围内的截排水沟、沉砂池、土袋拦挡、土工布、无纺布、防雨布等拦挡、遮盖及砂浆抹面、植被恢复等水土保持措施，降低水土流失对水生生物生境的影响；植被恢复工作应在临时用地结束后及时开展，并选用乡土植物，不得引入外来物种。

（7）跨水生动物自然保护地 4 座主体工程大桥施工应设置可移动的钢箱集中收集钻渣，用吊车吊装放置到基础施工处，收集满后的钢箱由吊车吊装到汽车上运送至就近弃渣（土）场。将钻孔泥浆集中在岸边泥浆池进行集中调制，采用泥浆泵泵送至桩孔，同时采用泥浆泵送回岸边沉淀池，再进入泥浆循环系统。泥浆池远离河岸，容量大于拟调制泥浆量 20%，池顶需设置防雨棚。

（8）在全线过水桥梁两侧设置防撞墩护栏、禁止超车标志牌、禁鸣标志牌、谨慎驾驶与事故报警电话牌，以及桥面径流收集系统（收集池设计应结合桥下地形条件适当增大容积，兼作事故池功能，有条件的应按最不利事故增设事故收集池系统）；在双向进入什字尹家河大桥、长坪大通江大桥、坪溪大通江大桥前，增设限速标志牌（80 km/h）、自然保护区保护警示牌，桥上加装 24 h 视频自动监控系统，桥下增设应急事故收集池系统（按最不利情形设计事故池容积），降低环境风险事故发生对水生生物的影响。

（9）服务区、停车区内设置 MBR 一体化污水处理设备对废水进行处理，处理后需满足《城市污水再生利用 城市杂用水水质》（GB/T 18920—2002）、《农田灌溉水质标准》（GB 5084—2021）中相关标准，而后用作厕所冲洗用水、绿化用水、农林灌溉用水、交通抑尘和降温用水，不对外排放。管理中心、养护工区、隧道管理所、收费站设置的区域主要为农村地区，周边均分布有农田、菜地等，需设置生态厕所，经生态厕所处理后的清洁水回用于冲洗厕所、绿化、农林灌溉，沉淀物定期清运；设有食堂的上述服务设施，还须配备一体化地埋式生活废水处理设备。运营期禁止向水生动物自然保护地排放服务设施、管理设施生活废水。

## 四、讨论

公路工程应根据具体的建设内容在施工期、运营期对水生动物自然保护地可能产生的具体影响，提出具有针对性的不良影响避免、减缓和补偿措施。本书主要根据公路建设项目的工程特点和自然地理条件等从环境影响分析和生态保护措施方面进行简要讨论。

（一）环境影响分析方面

一般地，在不同地区涉及水生动物自然保护地的公路工程，其建设内容和工程形式因自然地理条件的不同会存在较大差异，其对水生动物自然保护地的主次影响是不同的。

镇广高速川陕界至通江段主要沿中低山峡谷布设，大通江河及其支流水面宽度不大，可采用大跨径桥梁一跨而过，从而不在大通江河及其支流的水生动物自然保护地内修筑设施；同时，该项目基本与区域既有交通干道共用走廊带通道，且项目路线均位于临既有交通干道背河一侧，与水生动物生境核心地带相距较远、高差较大（河道大多位于声影区）。因此，该项目对水生动物自然保护地的直接影响是有限的。若项目地河道蜿蜒逶迤，公路路线跨水生动物自然保护地的次数可能增加；在地势较平坦之地，道路路面与水面高差较小，噪声影响将逐渐突出；在水面较宽的地区，甚至难以采用大跨径桥梁一跨而过水生动物自然保护地，此时公路建设对水生动物自然保护地的直接影响将显著增大。因此，如何优化选线减少跨越水生动物自然保护地的次数并远离水生动物自然保护地河道，以及优化桥型结构采用大跨径桥梁避免和控制涉水桥墩数量以降低公路建设和运营期对水生动物自然保护地的影响显得尤为重要，若设计上未充分考虑环境保护，就可能造成严重的环境问题，显然项目建设是不可行的。

镇广高速川陕界至通江段跨越诺水河珍稀水生动物国家级自然保护区次数较少且未在该保护区内修筑设施，但诺水河珍稀水生动物国家级自然保护区河道的支流众多，该项目多达 41 座桥梁跨越该保护区支流河沟并与该保护区河道距离较近。该项目施工和运营对诺水河珍稀水生动物国家级自然保护区支流河沟产生的影响可能间接对该保护区造成较大影响，故应将该项目对诺水河珍稀水生动物国家级自然保护区支流河沟的影响和防护措施作为该项目环境影响评价关注的重点内容。若水生动物自然保护地支流河沟较少、跨支流河沟处与水生动物自然保护地距离较远时，则项目对水生动物自然保护地的间接影响则明显降低，项目施工和运营对水生动物自然保护地支流河沟的影响可适当简化。

此外，镇广高速川陕界至通江段有较多临时工程临近水生动物自然保护地河道，且不可避免需在诺水河珍稀水生动物国家级自然保护区内修建 2 座 15 m 标准跨径临时施工钢便桥（在保护区内共需设涉水钢管桩 6 组），合计临时占用保护区河道 9.0 m² （若考虑扣除内径，钢管桩实际临时占用保护区河道共 2.28 m²）。因此，本项目临时工程对水生动物自然保护地的影响相对突出，不容忽视。在地势较平缓地区则基本不存在此方面问题，此方面造成的影响明显很小。

## （二）生态保护措施方面

水生动物自然保护地生态保护措施种类繁多，如优化选线和桥型方案、围堰施工、增殖放流鱼类、开展鱼类栖息地恢复、开展水生生物及其生境质量监测等。公路工程应针对工程特点和建设内容，分析其建设和运营可能产生的具体影响，从而提出避免、控制和减缓不良生态影响的对应措施。

在各项水生动物自然保护地生态保护措施中，优化选线避绕水生动物自然保护地、采用大跨径桥型方案跨越水生动物自然保护地是避免和减缓对水生动物自然保护地不良影响最直接最有效的途径，是路线穿越水生动物自然保护地可行的根本前提。

镇广高速川陕界至通江段已最大限度避绕水生动物自然保护地，并采用大跨径桥型方案一跨而过水生动物自然保护地，对水生动物自然保护地河道的直接影响很小，故对水生动物自然保护地不良影响的减缓措施主要有加强施工行为活动管理，合理组织施工时序和布局，针对性采取水污染防治措施和风险事故预防措施，开展水生生态监测等，即可有效避免、减缓和控制对水生动物自然保护地的不良影响。而围堰施工、增殖放流鱼类、开展鱼类栖息地恢复（含异地补偿）等措施适用于涉水施工，可能造成鱼类资源量明显减少，对重要鱼类资源（如珍稀物种、特有物种、保护物种、重要经济物种等）的洄游通道、索饵场、产卵场、越冬场等造成直接干扰和明显破坏，不适用于该项目；与水利水电工程等水工建筑相比，公路桥梁施工范围和规模较小，建成后可在较短时间内恢复水体的通透和交流，基本不会产生河道阻断、干涸等重大水生生态问题，故修建过鱼设施、下泄生态流量等措施一般不适用于公路建设项目。

## 五、结论

不同地区的公路工程的水生生态敏感性不同，对水生动物自然保护地所产生的具体影响也不同，针对不同影响所采取的生态保护措施也随之而变。故公路工程对水生动物自然保护地的环境影响应根据工程特点、自然地理条件、生态环境现状等，切合实际、客观地分析和评价其对环境的影响程度，并提出具有针对性的环境保护措施。

镇广高速川陕界至通江段主体工程均采用大跨径桥梁形式一跨而过四川诺水河珍稀水生动物国家级自然保护区、大通江河岩原鲤国家级水产种质资源保护区两处水生动物自然保护地，在水生动物自然保护地无涉水桥墩等永久涉水构筑物。该项目建设和运营基本不会造成水生生物的直接伤亡，对水生生物生境的影响将间接对水生生物的生命活动产生干扰，受影响的水生生物种类以区域广布的常见种为主，对珍稀水生动物的影响较小，经采取相关防护措施后可有效避免、控制和减缓其产生的不良影响，即在针对该项目建设和运营对水生动物自然保护地可能造成的具体影响提出有效防治措施并予以严格落实的情况下，镇广高速川陕界至通江段建设和运营对水生动物自然保护地的影响较小。

# 第六章 ArcMap 在生态评价中的应用

ArcMap 功能强大，工具繁多，广泛运用于农林牧渔、环境保护、土地管理等各行各业的资源管理与配置、科学研究和技术服务。本章主要结合公路工程在生态评价过程中涉及的 ArcMap 常用功能，对 ArcMap 功能、工具、基本定义及运用进行基础性简要介绍。

## 第一节 ArcMap 功能简介

AcrGIS 是美国环境系统研究所（ESRI）开发的 GIS 软件，是应用最广泛的 GIS 软件之一。ArcMap 是 ESRI 开发的桌面 GIS 制图软件，是 ESRI 产品的核心组成部分，是在 ArcGIS for Desktop 中进行制图、编辑、分析和数据管理时所用的主要应用程序。ArcMap 可用于所有 2D 制图工作和可视化操作。ArcMap 的主要功能包括以下五个方面：

（1）多源数据无缝集成。将地理空间数据、专题数据无缝集成，展现在用户面前的是一个真实的地理空间关系背景，以此为基础进行数据编辑、分析等操作，为用户提供一种全新的视角，可以发现数据潜在的分布规律和发展趋势。

（2）地图制图。具有丰富的地图创建和编辑功能，用户可以轻松地完成矢量图、遥感影像图的制作。

（3）辅助决策。具有强大的空间分析功能，可以解决"怎么变化""哪里最近"及"哪里有问题"等问题，通过获得这些信息可以辅助用户决策。

（4）结果展示。可以以图表、图片、文档等多种形式轻松展现工作结果，创建交互的显示界面，为用户提供了一种非常有效的信息交流方式。

（5）定制开发。ArcMap 提供灵活方便的应用程序接口，方便用户定制满意的用户界面，编制各种方便的数据处理工具，提高作业效率。

公路工程在生态评价过程中可以运用 ArcMap 完成地表水系图、土地利用现状图、植被类型图、典型生态保护措施平面布置、生态影响预测分析图等各类专题图的制作，同时也可利用 ArcMap 完成用地类型、植被类型、高程、坡向、坡度等各项生态现状及影响预测数据的计算和统计分析。ArcMap 成图效果精美、数据分析精准，是生态评价的重要工具。

# 第二节　ArcMap 操作界面简介

可在 ArcMap 中使用且以文件形式（.mxd）存储在磁盘中的地图，各地图文档中包含有关地图图层、页面布局和所有其他地图属性的规范。通过地图文档，使用者可以方便地在 ArcMap 中保存、重复使用和共享工作内容。双击某个地图文档会将其作为新的 ArcMap 会话打开。

## 一、菜单

ArcMap 菜单主要由文件、编辑、视图、书签、插入、选择、地理处理、自定义、窗口、帮助组成（图 6.2.1）。

**图 6.2.1　ArcMap 菜单栏**

## 二、图层（Layer）

地图图层定义了 GIS 数据集如何在地图视图中进行符号化和标注（即描绘）。每个图层都代表 ArcMap 中的一部分地理数据，例如具有特定主题的数据。各种地图图层的例子包括溪流和湖泊、地形、道路、行政边界、宗地、建筑物覆盖区、公用设施管线和正射影像。

图层具有不同的类型。有些图层表示特定类型的地理要素，而其他图层则表示特定类型的数据。各图层类型都具有不同的显示及符号化图层内容的机制，且具有可针对相应内容而执行的特定操作。大多数图层都具有用于处理图层及其内容的特定工具集。例如，可使用编辑器工具条操作要素图层，使用拓扑工具条处理拓扑图层的内容。

以下是五种常见图层类型：

（1）要素图层——引用一组要素（矢量）数据的图层，其中这些数据表示点、线、面等地理实体。要素图层的数据源可以是地理数据库要素类、Shapefile、ArcInfo Coverage 及 CAD 文件等。

（2）栅格图层——引用栅格或图像作为其数据源的图层。

（3）服务图层——用于显示 ArcGIS for Server、ArcIMS、WMS 服务及其他 Web 服务的图层。

（4）地理处理图层——用于显示地理处理工具的输出的图层。

（5）底图图层——一种图层组类型，可提供底图内容的高性能显示。

## 三、内容列表

内容列表将列出地图上的所有图层并显示各图层中要素所代表的内容。每个图层旁边的复选框可指示当前其显示处于打开状态还是关闭状态。内容列表中的图层顺序决定着各图层在数据框中的绘制顺序（从下到上）（图 6.2.2）。

图 6.2.2　ArcMap 内容列表

地图的内容列表有助于管理地图图层的显示顺序和符号分配，还有助于设置各地图图层的显示和其他属性。

## 四、数据框

对于给定的地图范围和地图投影，数据框将显示以特定顺序绘制的一系列图层。位于地图窗口左侧的内容列表显示由数据框中各图层组成的列表，即内容列表中"🗇"下所有图层共同组成一个数据框，各数据框的内容在右侧视图中可查看（图 6.2.3）。

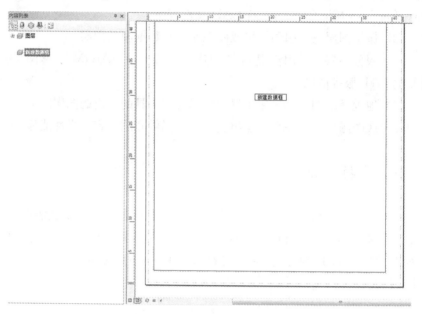

图 6.2.3　ArcMap 数据框

## 五、页面布局

通过视图界面左下角小图标或"菜单—视图"切换至布局视图，通过"菜单—插入"插入各种地图元素，而后在布局视图页面上排布和组织各种地图元素即构成布局。常见的地图元素包括一个或多个数据框（每个数据框都含有一组有序的地图图层）、比例尺、指北针、地图标题、描述性文本和符号图例（图 6.2.4）。

图 6.2.4 ArcMap 页面布局操作指示

## 六、目录窗口

ArcMap、ArcGlobe 和 ArcScene 中设有目录窗口，通过该窗口可将各种类型的地理信息（如在 ArcGIS 中使用的当前 GIS 项目的数据、地图和结果）作为逻辑集合进行组织和管理。

目录窗口可提供一个包含文件夹和地理数据库的树视图。文件夹用于整理 ArcGIS 文档和文件，而地理数据库则用于整理 GIS 数据集。

目录窗口可通过标准工具小图标、菜单—窗口两种方式打开（图 6.2.5）。

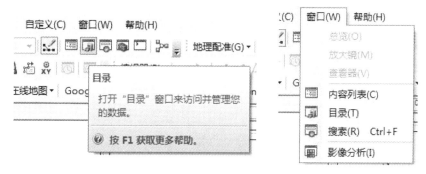

图 6.2.5 ArcMap 目录窗口操作指示

## 七、工具箱

工具箱（ArcToolbox）内工具种类繁多，几乎所有图像编辑、处理都是通过工具箱中的工具完成的。一般可通过标准工具小图标打开ArcToolbox窗口，或在 ArcMap 的目录窗口下选择使用工具（图 6.2.6）。

图 6.2.6　ArcMap 工具箱操作指示

# 第三节　ArcMap 操作相关定义

## 一、栅格与影像

栅格与影像是两个经常互相指代的术语。

影像是二维的图像表示，它不依赖于波长或遥感设备（如卫星、航空摄像机或地形传感器）。影像可以显示在屏幕上，也可以打印出来。

栅格是描述影像存储方式的数据模型。栅格可定义组成影像的像素数

（像元数）（以行和列的形式表示）、波段数及位深度。当查看栅格时，查看的是该栅格数据的影像。

最简形式的栅格由按行和列（或格网）组织的像元（或像素）矩阵组成，其中的每个像元都包含一个信息值（如温度）。栅格可以是数字航空相片、卫星影像、数字图片或甚至是扫描的地图。

以栅格格式存储的数据可以表示以下三种实际现象：

（1）专题数据（也称为离散数据）表示土地利用或土壤数据等要素。

（2）连续数据表示温度、高程或光谱数据（如卫星影像或航空相片）等现象。

（3）图片则包括扫描的地图或绘图，以及建筑物照片。

ArcMap 中支持 BMP、BAG、GIF、GRID、IMG、MrSID、JPEG、PNG、TIFF 等多种栅格和影像数据格式。

## 二、要素

要素类是具有相同空间制图表达（如点、线或面）和一组通用属性列的常用要素的同类集合。最常用的四个要素类分别是点、线、面和注记（地图文本的地理数据库名称）。矢量要素（带有矢量几何的地理对象）是一种常用的地理数据类型，其用途广泛，非常适合表示带有离散边界的要素（如街道、州和宗地）。要素是一个对象，可将其地理制图表达（通常为点、线或面）存储为行中的一个属性（或字段）。在 ArcGIS 中，要素类是数据库表中存储有公共空间制图表达和属性集的要素的同类集合，如线要素类用于表示道路中心线。

## 三、Shapefile（.shp 文件）

Shapefile 是一种用于存储地理要素的几何位置和属性信息的非拓扑简单格式。Shapefile 中的地理要素可通过点、线或面（区域）来表示。既包含 Shapefile 的工作空间，还可以包含 dBASE 表，它们用于存储可连接到 Shapefile 的要素的附加属性。

Shapefile 是可以在 ArcGIS 中使用和编辑的一种空间数据格式。DWG、DXF、KML 等其他格式的矢量文件需在 ArcMap 中转换为 Shapefile（.shp 文件）进行编辑、转换。

Shapefile 格式在应存储在同一项目工作空间且使用特定文件扩展名的

三个或更多文件中定义地理配准要素的几何和属性，这些文件缺失任何一个都将导致数据破损而无法使用。这些文件是：

（1）.shp——用于存储要素几何的主文件，为必需文件。

（2）.shx——用于存储要素几何索引的索引文件，为必需文件。

（3）.dbf——用于存储要素属性信息的 dBASE 表，为必需文件。几何与属性是一对一关系，这种关系基于记录编号。dBASE 文件中的属性记录必须与主文件中的记录采用相同的顺序。

（4）.sbn 和.sbx——用于存储要素空间索引的文件。

（5）.fbn 和.fbx——用于存储只读 Shapefile 的要素空间索引的文件。

（6）.ain 和.aih——用于存储某个表中或专题属性表中活动字段属性索引的文件。

（7）.atx－.atx——针对在 ArcCatalog 中创建的各个 Shapefile 或 dBASE 属性索引而创建的文件。ArcGIS 不使用 Shapefile 和 dBASE 文件的 ArcView GIS 3.x 属性索引，已为 Shapefile 和 dBASE 文件开发出新的属性索引建立模型。

（8）.ixs——读/写 Shapefile 的地理编码索引。

（9）.mxs——读/写 Shapefile（ODB 格式）的地理编码索引。

（10）.prj——用于存储坐标系信息的文件，由 ArcGIS 使用。

（11）.xml——ArcGIS 的元数据，用于存储 Shapefile 的相关信息。

（12）.cpg——可选文件，指定用于标识要使用的字符集的代码页。

## 四、地理坐标系

地理坐标系（GCS）使用三维球面来定义地球上的位置。GCS 往往被误称为基准面，而基准面仅是 GCS 的一部分。GCS 包括角度测量单位、本初子午线和基准面（基于旋转椭球体）。

可通过其经度和纬度值对点进行引用。经度和纬度是从地心到地球表面上某点的测量角。通常以度或百分度为单位来测量该角度。

在球面系统中，水平线（或东西线）是等纬度线或纬线。垂直线（或南北线）是等经度线或经线。这些线包络着地球，构成了一个称为经纬网的格网化网络。

位于两极点中间的纬线称为赤道，它定义的是零纬度线。零经度线称为本初子午线。对于绝大多数地理坐标系，本初子午线是指通过英国格林尼治的经线。除英国外的其他国家/地区使用通过伯尔尼、波哥大和巴黎的经线作为本初子午线。经纬网的原点（0，0）定义在赤道和本初子午线的交点处。这样，地球就被分为了四个地理象限，它们均基于与原点所成的罗盘方位角。南和北分别位于赤道的下方和上方，而西和东分别位于本初子午线的左侧和右侧。

通常，经度和纬度值以十进制度为单位或以度、分和秒为单位进行测量。维度值相对于赤道进行测量，其范围是 $-90°$（南极点）到 $+90°$（北极点）。经度值相对于本初子午线进行测量，其范围是 $-180°$（向西行进时）到 $180°$（向东行进时）。如果本初子午线是格林尼治子午线，则对于位于赤道南部和格林尼治东部的澳大利亚，其经度为正值，纬度为负值。

尽管使用经度和纬度可在地球表面上定位确切位置，但二者的测量单位是不同的。只有在赤道上，一经度所表示的距离才约等于一纬度所表示的距离。这是因为赤道是唯一一条长度与经线相同的纬线（其半径与球面地球半径相同的圆称为大圆，赤道和所有经线都是大圆）。

在赤道上方和下方，用来定义纬度线的圆将逐渐变小，直到最终在南极点和北极点处变为一个点，所有经线均在此处相交。由于经线沿极点方向逐渐集中，因此一经度所表示的距离最终将减小为零。在 Clarke 1866 旋转椭圆体上，赤道上的一经度等于 111.321 km，而在纬度为 60°位置，却只有 56.802 km。由于经度和纬度不具有标准长度，因此无法对距离或面积进行精确测量，或者无法很容易地在平面地图或计算机屏幕上显示数据。

## 五、投影坐标系

投影坐标系在二维平面中进行定义。与地理坐标系不同，在二维空间范围内，投影坐标系的长度、角度和面积均恒定。投影坐标系始终基于地理坐标系，而后者则是基于球体或旋转椭球体的。

在投影坐标系中，通过格网上的 $x$、$y$ 坐标来标识位置，其原点位于格网中心。每个位置均具有两个值，这两个值是相对于该中心位置的坐标。一个指定其水平位置，另一个指定其垂直位置，这两个值称为 $x$ 坐标和 $y$ 坐标。采用此标记法，原点坐标是 $x=0$ 和 $y=0$。

在等间隔水平线和垂直线的格网化网络中，中央水平线称为 $x$ 轴，而中央垂直线称为 $y$ 轴。在 $x$ 和 $y$ 的整个范围内，单位保持不变且间隔相等。原点上方的水平线和原点右侧的垂直线具有正值，原点下方或左侧的线具有负值。四个象限分别表示正负 $x$ 坐标和 $y$ 坐标的四种可能组合。

# 六、常用坐标系类型

## （一）经纬度坐标系类型

### 1. WGS—84

世界标准经纬度坐标系，是国际上通用的经纬度坐标系，绝大多数 GPS、北斗设备获取的经纬度值就是 WGS—84 坐标系，谷歌地球上获取的也是 WGS—84 坐标值。

### 2. GCJ—02

中国加偏移经纬度坐标系，又称为"火星坐标系"，是国家测绘地理信息局在 2002 年发布的坐标体系。国家规定，互联网地图在国内必须至少使用 GCJ—02 进行首次加密。该坐标系是国内最广泛使用的坐标体系，如百度、高德、腾讯、谷歌等地图在中国境内都使用它。

### 3. 其他特殊坐标系

一般都是由"火星坐标系"通过偏移算法计算得出的，如百度地图使用的 BD—09 坐标系。

举例：天安门在不同类型坐标系下的经纬度值

WGS—84 经纬度：116.391349，39.907375（搜索框输入格式：116.391349，39.907375，直接输入经纬度值）

GCJ—02 经纬度：116.397590，39.908776（搜索框输入格式：g116.397590，39.908776，经纬度值前加字母 g）

BD—09 经纬度：116.403963，39.915119（搜索框输入格式：b116.403963，39.915119，经纬度值前加字母 b）

另外，北京 54、西安 80、CGCS2000 等大地坐标系的坐标值也是经纬度。

其中，CGCS2000 的定义与 WGS—84 的实质一样，采用的参考椭球非常接近，扁率差异引起椭球面上的纬度和高度变化最大达 0.1 mm。当前测量精度范围内，可以忽略这点差异。可以说两者相容至 cm 级水平，但若一点的坐标精度达不到 cm 级水平，则不认为 CGCS2000 和 WGS—84 的坐标是相容的。

## （二）平面坐标系类型

（1）全球 UTM 坐标系（共 60 个区，需要锁定 UTM 区号，区号决定平面坐标的原点）。

UTM 坐标是一种平面直角坐标。在 UTM 系统中，北纬 84°和南纬 80°之间的地球表面积按经度 6°划分为南北纵带（投影带）。从 180°经线开始向东将这些投影带编号，从 1 编至 60（北京处于第 50 带）。

（2）横轴墨卡托投影坐标。

横轴墨卡托投影又称为高斯－克吕格投影，它与墨卡托投影相似，不同之处在于圆柱是沿经线而非赤道纵向排列。通过这种方法生成的等角投影不会保持真实的方向。中央经线位于感兴趣区域的中心，这种中心对准方法可以最大限度地减少该区域内所有属性的变形。此投影最适合于南北向分布的地区。

北京 54、西安 80 及 CGCS2000 等平面坐标系均是由相对应的大地坐标系经过横轴墨卡托投影建立的，均需要设置中央经线、七参数、三参数、四参数，参数决定平面坐标的原点。

## 七、地方独立坐标系

地方独立坐标系也叫工程独立坐标系。在我国许多城市、矿区基于实用、方便和科学的目的，将地方独立测量控制网建立在当地的平均海拔高程面上，并以当地子午线（经线）作为中央子午线（中央经线）进行高斯投影求得平面坐标，也分北京 54、西安 80、CGCS2000 等不同平面坐标系。在公路设计图中，往往采用地方独立坐标系，虽为北京 54、西安 80、CGCS2000 等平面坐标系，但其中央子午线、投影高程面均为地方值，不是标准中央子午线和国家高程基准面，若误将设计图设置成标准投影坐标系参数导入 ArcGIS 等地图软件中，会造成不同程度的路线扭曲、偏移等形变，需进行设计图坐标系转换，由地方独立坐标系转换为标准国家坐标系（标准中央子午线和国家高程基准面），才能采用标准投影坐标系参数精准导入 ArcGIS 等地图软件中使用。

标准中央子午线（标准中央经线）：标准分带的中央子午线（中央经线）。6 度带中央经线＝（6 度带带号×6）−3，6 度带带号＝（经度＋6°）/6 取整；3 度带中央经线＝3 度带带号×3，3 度带带号＝（经度＋1.5°）/3 取整。

国家高程基准面：我国目前通用的高程基准是 1985 国家高程基准，也有 1956 黄海高程基准、珠江高程系统、吴淞高程系统等高程基准面。

举例说明：

某市公路工程路线经度为 107°19′51″，采用 CGCS2000 国家大地投影坐标系，在 3 度带的中央子午线为 108°；该市地方独立坐标，中央子午线为 107°20′00″，高程系统采用 1985 国家高程基准，投影高程面 $H = 400$ m（1985 国家高程基准＋400 m）。若该工程路线 CAD 设计图中央子午线为 108°，投影高程面为 0（即等于国家高程基准面），该工程路线 CAD 文件可直接设置标准投影坐标系参数"CGCS2000 _ 3 _ Degree _ GK _ CM _ 108E"（3 度带，中央子午线为 108°）导入 ArcGIS 等地图软件中使用；但若该工程路线 CAD 设计图采用地方独立坐标，中央子午线为 107°20′00″，高程系统采用 1985 国家高程基准，投影高程面 $H = 400$ m，则该工程路线 CAD 文件需进行坐标系转换，由地方独立坐标系转换为标准国家坐标系，才能采用标准投影坐标系参数精准导入 ArcGIS 等地图软件中使用。

# 第四节　生态评价典型应用

## 一、在线地图（底图）的获取

街道地图、影像地图数据、地形地图等互联网在线地图可作为生态评价各类专题图的底图，卫星影像还可作为土地利用现状图、植被类型图等专题图遥感解译的基础底图，因此在线地图的获取对生态评价具有重大意义。

在 ArcMap 中打开如街道地图、影像地图数据、地形地图等互联网在线地图主要有以下四种方法：

（1）通过相关地图插件打开。

（2）通过地图下载器下载离线地图，然后再在 ArcMap 中打开。

（3）通过 WMS、WMTS、WCS 等服务器服务资源在 ArcMap 中打开。需要目标地图支持 OGC（开放地理空间信息联盟）协议，并已取得地图资源地址连接。

（4）通过 ArGIS 自带的 ArGIS Online 打开地图资源。

### （一）通过相关地图插件打开

可使用 SimpleGIS 在线地图插件、ArcBruTile 插件、Arc 数据加载组件（易至天工）、MapOnline 在线地图插件等地图插件在 ArcMap 中打开 Google Map、天地图、Open Street Map、高德地图、搜搜地图、必应地图、百度地图等。

优点：地图资源种类较丰富、分辨率较高，基本可满足制图需求；部分图源无偏移，可准确定位并直接使用，有偏移的图源大多也可经校准工具校准后使用。

缺点：这些软件大多要收费，免费加载不稳定或带水印，资源较有限；不能作为图层进行修改、处理，且图片导出仅在特定比例尺下成图质量较高。

（二）通过地图下载器下载离线地图，然后再在 ArcMap 中打开

目前，有很多专业团队制作了一些软件，可以批量下载网络地图数据，且可以自动拼接，并带坐标信息，下载离线地图后就可以通过 ArcMap 打开。如可使用 Bigemap 地图下载器、91 卫图助手、LocaSpace Viewer（图新地球）、太乐地图等地图下载器下载 Google Map、天地图、Open Street Map、高德地图、搜搜地图、必应地图、百度地图等网络地图资源，以 tif 等栅格文件形式在 ArcMap 中打开。

优点：地图资源种类丰富、分辨率高，完全可满足制图需求；图层为栅格文件，可进行修改、处理；图源无偏移，可准确定位直接使用。

缺点：这些软件基本要收费，免费下载的数据量有限，且还带水印，需根据自身需求购买下载权限；图片导出仅在特定比例尺下成图质量较高。

（三）通过 WMS、WMTS、WCS 等服务器服务资源在 ArcMap 中打开

需要目标地图支持 OGC 协议，并已取得地图资源地址连接。即通过利用 OGC 规范中的 WMS、WMTS、WCS 协议，打开一些网络地图数据。目前，大多数地图均未实现 OGC 标准协议，图源主要为天地图，可利用天地图提供的 WMS、WMTS、WCS 资源，在 ArcMap、超图、uDIG 等支持 OGC 服务规范的 GIS 软件中打开。

以天地图为例，天地图 WMTS 服务资源在 ArcMap 中调用方法如下：

天地图服务已于 2019 年 1 月进行改版，目前在使用时均需要申请 Key 才可使用，且仅支持 Arcgis10.5、Arcgis10.6 等版本。密钥申请流程为：登陆天地图官网进行注册—进入主页—选择地图 API—点击申请 Key 链接，即可进入密钥申请界面，个人申请较为简单，直接进行申请提交即可。

天地图 WMTS 资源包括矢量底图与注记、影像底图与注记、地形晕渲与注记等类型，网址链接：http://lbs. tianditu. gov. cn/server/MapService. html，打开网址后可点击"申请 Key"，按提示注册账户，而后点击"控制

台"→"创建新应用"申请。注意，在 ArcMap 中调用"天地图"服务时，应用类型应选择"服务端"，若选择"浏览器端"就会出现调用失败的情况。

图 6.4.1 为天地图的 Key 申请链接示意图。

（a）申请链接

（b）控制台

（c）创建应用

**图 6.4.1　天地图的 Key 申请链接示意图**

在 ArcMap 中添加 URL 地址时，可参照天地图官网提供样式进行地址添加，具体添加方式应按如下进行操作：

（1）打开天地图 WMTS 服务资源网址 http：//lbs. tianditu. gov. cn/server/MapService. html，按需求复制想要调用的天地图资源链接（图 6.4.2）。（注意只复制链接中"http：//……wmts"，不复制"？tk＝您的密钥"）

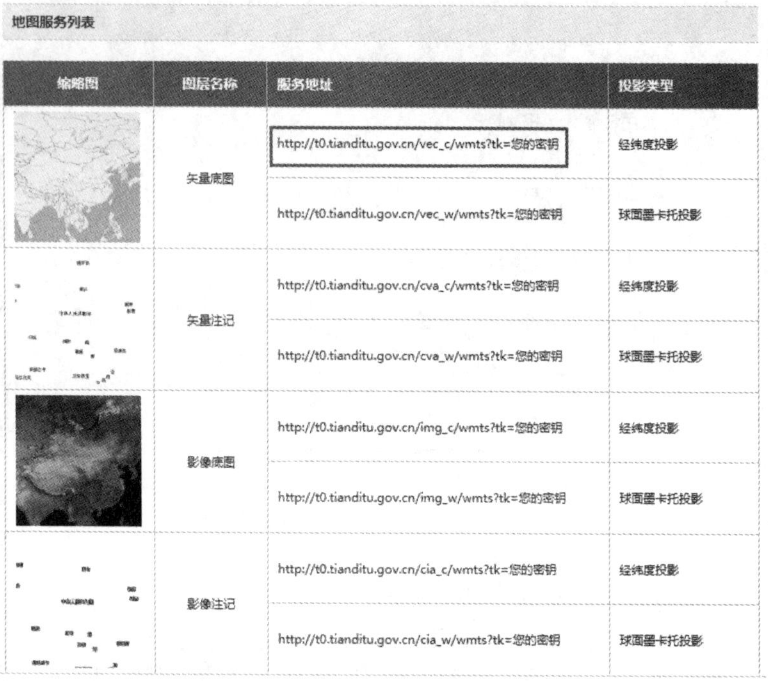

图 6.4.2　天地图 WMTS 数据连接示意图

（2）再至 ArcMap 的目录窗口中，点击"GIS 服务器→添加 WMTS 服务器"，在弹出的添加 WMTS 服务器（Add WMTS Server）窗口中，在 URL 地址选项填入上述复制的链接，在 Custom Parameters 选项的 Parameter 和 Value 内分别填入"tk"和申请的 Key（密钥），然后点击获取图层，最后点击确定（OK）［图 6.4.3（a）、（b）］。

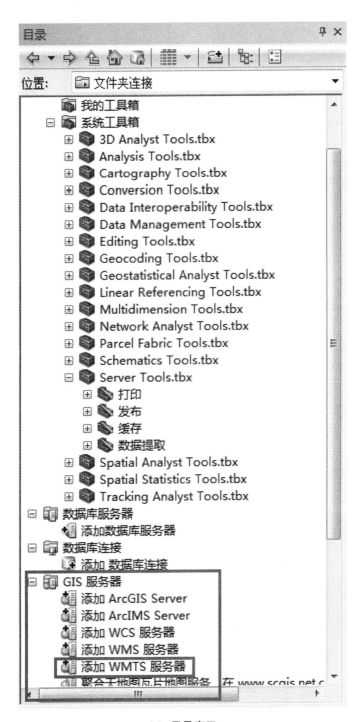

（a）目录窗口

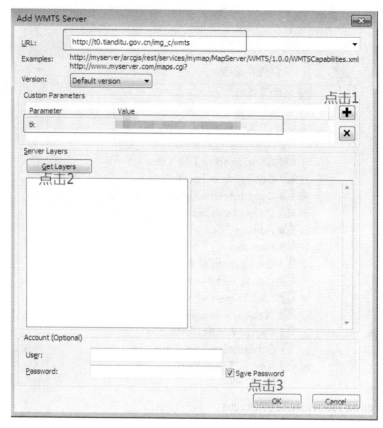

（b）添加 WMTS 服务器（Add WMTS Server）窗口

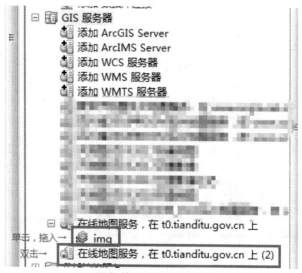

（c）添加的 WMTS 地图资源

（d）调用结果

**图** 6.4.3 ArcMap **中添加天地图** WMTS **数据示意图**

（3）在 ArcMap 的目录窗口的"GIS 服务器→添加 WMTS 服务器"下方即可显示获取的 WMTS 在线地图，双击数据添加作为图层，实现天地图调用［图 6.4.3（c）、（d）］。

优点：数据免费、分辨率较高，可满足较低要求的制图需求。

缺点：地图种类单一，主要为天地图；地图资源不稳定，官方关闭或调整资源链接将直接导致地图资源无法使用；多数图源有偏移，不能准确定位使用，且不能校准；受 Token 影响，部分使用有时间限制；图片导出也仅在特定比例尺下成图质量较高。

（四）通过 ArGIS Online 打开地图资源

最简单的方法是，通过 ArcMap 自带的 ArGIS Online 打开地图资源。在 Arcgis 软件中，Esri 集成了 ArGIS Online，ArGIS Online 可以在 ArcMap 中打开 Google 地图、必应地图及 Esri 和网友共享的各种地图数据。

图 6.4.4 为 ArGIS Online 地图资源添加操作示意图。

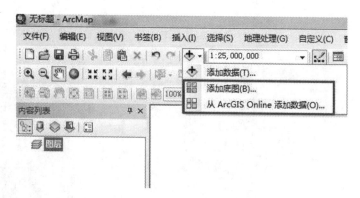

（a）标准工具栏

（b）添加底图（B）窗口

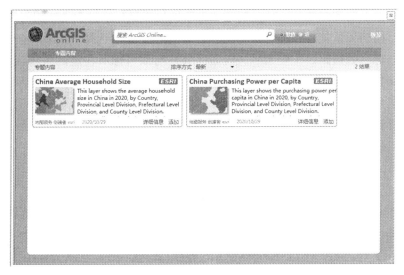

（c）从 ArGIS Online 添加数据（O）窗口

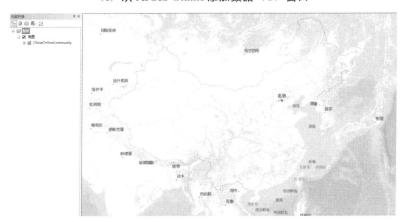

（d）调用结果

**图 6.4.4　ArGIS Online 地图资源添加操作示意图**

优点：数据免费、分辨率较高，可满足低要求的制图需求。

缺点：受国内 IP 限制，可用地图源很少；多数图源有偏移，不能准确定位使用，且不能校准；以国外地图资源为主，实际可用地图种类较少；图片导出也仅在特定比例尺下成图质量较高。

## 二、栅格数据地理配准

栅格数据地理配准是指将 jpg、png、tif 等图片栅格赋予坐标信息，使图片栅格上的图像与 ArcMap 制图软件中的地理坐标或投影坐标相对应，以便进行栅格矢量化、叠加分析等工作。常见用途：①选择一个基础坐标系，将某目标（如道路、工业园区、规划区等）与该目标所在地的各项规划图、法定保护区范围图、土地利用类型图、植被类型图等相关要素赋予基础坐标系下的坐标值，以准确分析该目标外环境信息；②将航拍影像、地形图、地貌图等自然地理信息图片，通过地理配准作为各类专题图的底图等。

操作方法如下：

（一）定义目标栅格地图坐标系

在目录窗口中，选中要配准的栅格地图"TXDT. jpg"，右击选择"属性→栅格数据集属性→常规→空间参考→编辑→空间参考属性→投影坐标系→Gauss _ Kruger→CGCS200→CGCS2000 _ 3 _ Degree _ GK _ CM _ ??? E→栅格数据集属性→确定"。具体坐标系类型、中央子午线（带号）等应根据需求定义。图 6.4.5 为栅格地图坐标系定义操作示意图。

（a）

（b）

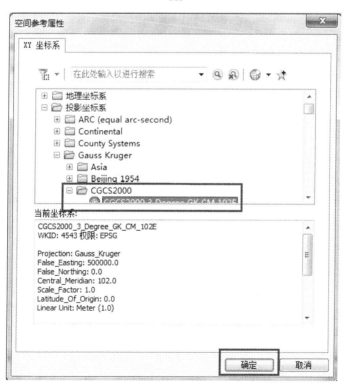

（c）

（d）

**图 6.4.5　栅格地图坐标系定义操作示意图**

（二）栅格地图地理配准

图 6.4.6 为栅格地图地理配准操作示意图。

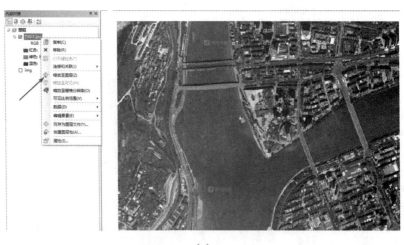

（a）

（b）

（c）

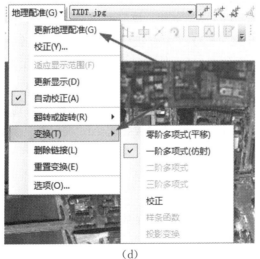

（d）

**图 6.4.6　栅格地图地理配准操作示意图**

（1）打开定义好坐标系的栅格，在内容列表中选中图层，右击选择"缩放至图层"，然后在菜单栏打开地理配准工具"自定义→工具条→地理配准"。

（2）在地理配准工具中点击"添加控制点"图标 ⤢ ，而后在 TXDT. jpg 中选择与在线地图同一位置的点位进行地理配准，此操作需在配准图层（TXDT.jpg）与背景图层（在线地图）之间进行视图切换，切换方式经上述"缩放至图层"后，手动查找两图中的同一位置进行控制点原点、目标点的配准。

（3）重复（2）的操作，进行多个控制点配准，至少大于 3 个，控制点数量越多，配准越准确。

（4）在地理配准工具中选择变换方式，而后点击"更新地理配准"完成栅格地图配准；控制点数量越多，可选择的变换方式越多，一般零阶多项式、一阶多项式即可较精准配准，对于扭曲变形过的地图栅格，应添加多个控制点，采用二阶多项式、三阶多项式、样条函数、投影变换等变换模式方可准确配准。

## 三、CAD 工程数据与.shp 文件的转换

CAD 工程数据与.shp 文件的转换需已知 CAD 文件的坐标系类型及中央子午线、投影高程面等有关参数。

采用平面坐标系的 CAD 文件，仅标准中央子午线和国家高程基准面的坐标系类型数据可在 ArcMap 中直接定义坐标系、准确转换为.shp 文件。采用地方独立坐标系的 CAD 文件需经过坐标系转换，由地方独立坐标系转换为标准国家坐标系（标准中央子午线和国家高程基准面），才能采用标准投影坐标系参数精准导入 ArcMap 中使用。若直接将地方独立坐标系的 CAD 文件设置成标准投影坐标系参数导入 ArcMap 中，会造成 CAD 图形不同程度的路线扭曲、偏移等形变。

（一）一般操作步骤

采用标准中央子午线和国家高程基准面的平面坐标系的 CAD 文件与.shp 文件的转换步骤如下：

在目录窗口中，选中要配准的 CAD 文件，右击选择"属性→常规→空间参考→编辑→投影坐标系→Gauss_Kruger→CGCS200→CGCS2000_3_Degree_GK_CM_??? E→确定"。具体坐标系类型、中央子午线（带号）

等应根据需求定义，具体操作过程与栅格地图坐标系定义相同。

（二）CAD 工程坐标系转换

采用地方独立坐标系的 CAD 文件与 .shp 文件的转换步骤如下：

（1）从在线地图软件（公开）或测绘部门（涉密）获取源 CAD 图形区域的任意已知点 $A_1$，$A_2$，$A_3$，…（至少需 2 个点，点数越多，转换精度越高）的经纬度坐标（WGS-84），再将取得的经纬度坐标作为坐标转换的源坐标计算其目标坐标系、目标中央子午线、目标高程下的平面坐标（通过坐标转换专家、万能坐标转换、COORD GM2.0 等多种坐标转换工具可轻松实现；也可反向转换为原 CAD 坐标，检验转换的准确性）。

注意事项：

①目标平面坐标的准确性最为关键，一定要已知源 CAD 图形文件的坐标系参数（中央子午线、高程、带号等坐标转换工具所需参数），计算结果可作为七参数、四参数、三参数等计算，转换至其他图形软件使用；

②坐标转换的源坐标一定要是大地坐标（经度＋纬度），因为不同平面坐标系（投影坐标）间的转换是需要转换参数的，而转换参数是未知的，要通过多个已知的同点位不同坐标系的坐标值进行计算获得。

坐标转换记录示意表见表 6.4.1。

表 6.4.1　坐标转换记录示意表

| 坐标系 | | $A_1$ | $A_2$ | $A_3$ | … |
|---|---|---|---|---|---|
| WGS1984 | 经度 | $x_1$ | $x_2$ | $x_3$ | … |
| | 纬度 | $y_1$ | $y_2$ | $y_3$ | … |
| 北京 54 | $X$ | $X_1$ | $X_2$ | $X_3$ | … |
| | $Y$ | $Y_1$ | $Y_2$ | $Y_3$ | … |
| 西安 80 | $X'$ | $X'_1$ | $X'_2$ | $X'_3$ | … |
| | $Y'$ | $Y'_1$ | $Y'_2$ | $Y'_3$ | … |
| 国家 2000 | $X''$ | $X''_1$ | $X''_2$ | $X''_3$ | … |
| | $Y''$ | $Y''_1$ | $Y''_2$ | $Y''_3$ | … |
| 其他坐标系 | … | … | … | … | … |
| | … | … | … | … | … |

（2）以北京 54 坐标系转国家 2000 坐标系为例，在源北京 54 坐标的 CAD 图中，以已知点（$A_n$）的北京 54 坐标为起点，国家 2000 坐标为终点分别画

直线，即 $(X_1, Y_1) \rightarrow (X_1'', Y_1''),\ (X_2, Y_2) \rightarrow (X_2'', Y_2''),\ (X_3, Y_3) \rightarrow (X_3'', Y_3''),\ \cdots$

注意事项：输入直线终点时，部分 CAD 软件终点坐标会严重偏移至其他方向，需增加辅助步骤，新画一条反顺序直线校正。

（3）在 Auto CAD 软件菜单点击"修改→三维操作→对齐"，而后按提示选择需转换坐标系的图形，选择完毕后按回车键确定，再按提示分别选择源点、目标点，选择结束后按回车键确定，而后在弹出的"是否基于对齐点缩放"选择"是"。

（4）点击"保存/另存为"，操作完毕。

## 四、矢量要素图层的建立

矢量要素图层的建立方式常用的有直接新建.shp 图层、文件地理数据库两种。直接新建.shp 图层快捷简便、使用便利，可直接将图层应用于其他软件，数据量不大时适用性较强。文件地理数据库创建的矢量要素图层也是.shp 图层，但其位于数据库内，一般需要打开数据库经过数据导出方可作为.shp 图层应用于其他软件，使用便利性较差，但其占用空间更小，方便数据修复、维护、管理，其广泛应用于区域性工程项目，如各级行政区土地利用现状调查、森林资源二调、林地保护规划等。对于公路工程生态评价，一般采用直接新建.shp 图层的方法即可满足工作需求。图 6.4.7 为矢量要素图层建立操作示意（一）。

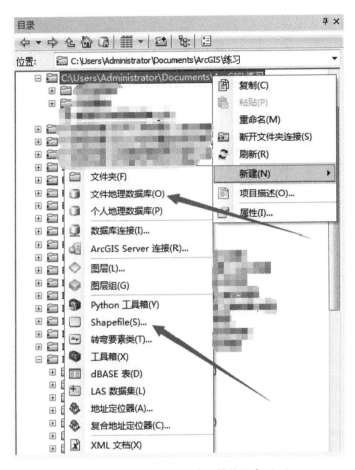

图 6.4.7　矢量要素图层建立操作示意（一）

**1. 直接新建.shp 图层**

（1）在目录窗口，于目标文件夹处右击选择"Shapefile（S）..."。

（2）在弹出的"创建新 Shapefile 窗口"中，根据需求填写要素名称、选择要素类型、定义坐标系（空间参考→编辑），而后点击"确定"，新建的图层将自动添加导入当前 ArcMap 文档。

（3）在菜单栏打开编辑器工具"自定义→工具条→编辑器"，而后点击编辑器，选择"开始编辑"。

（4）在编辑工具中点击创建要素图表，而后在目录菜单右下角选中"创建要素"，而后点击一路线，在构造工具中选择工具类别，即可在数据视图中创建线（点、面）要素。

（5）点击编辑器，依序选择"保存编辑内容→停止编辑"保存创建线（点、面）要素，也可先点击停止编辑，然后在弹出的是否保存编辑内容的确认窗口中确认保存。

图 6.4.8 为矢量要素图层建立操作示意（二）。

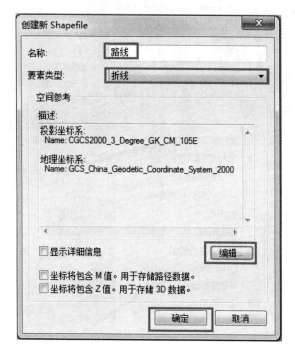

（a）

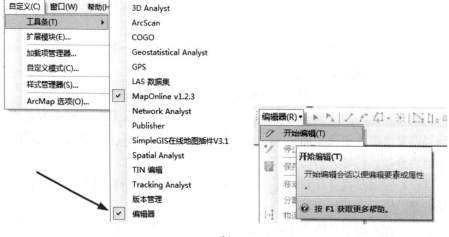

（b）

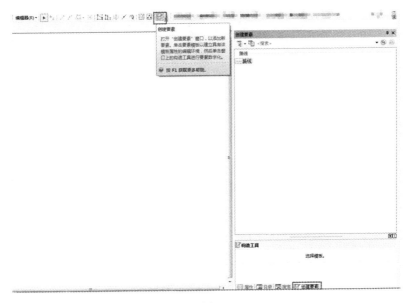

（c）

（d）

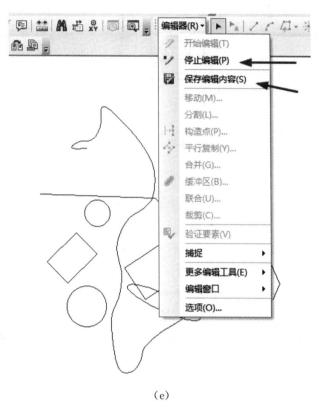

(e)

**图 6.4.8 矢量要素图层建立操作示意（二）**

2. **文件地理数据库**

（1）在目录窗口，于目标文件夹处右击选择"文件地理数据库(O)..."。

（2）右击新建的文件地理数据库"新建文件地理数据库.gdb"，选择"新建→要素类"。

（3）在新建要素类窗口中填写要素名称，选择要素类型，而后点击"下一步"。

（4）定义坐标系，而后继续点击"下一步"。

（5）默认容差 0.001 Meter，继续点击"下一步"；配置关键字，默认，继续点击"下一步"。

（6）根据需求填写字段名，选择数据类型，而后点击"完成"。

（7）同样，新建的图层将自动添加导入当前 ArcMap 文档，同时"新建文件地理数据库.gdb"内会新增出现新建的图层。

（8）后续操作步骤与直接新建.shp 图层方法相同。

图 6.4.9 为矢量要素图层建立操作示意（三）。

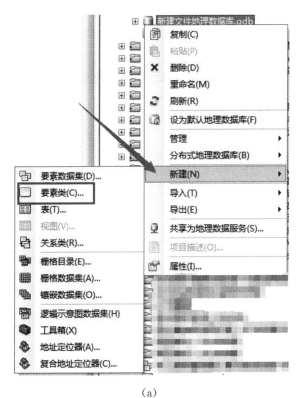

（a）

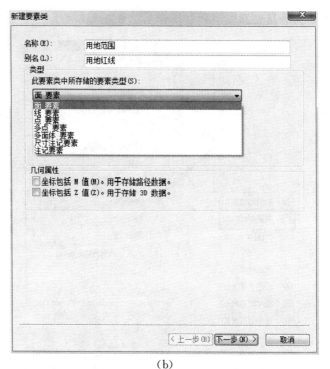

（b）

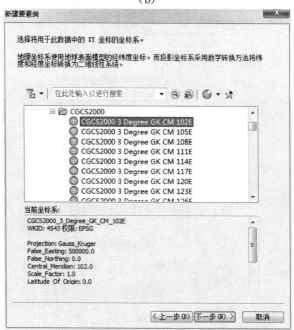

（c）

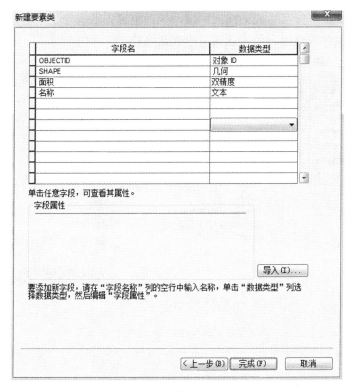

(d)

图 6.4.9 矢量要素图层建立操作示意（三）

## 五、缓冲区的建立

在公路工程生态评价中，缓冲区的建立主要应用于评价范围、调查范围图层的建立。每一图层单独生成缓冲区，不可合并生成，同一图层内的不同要素也单独建立缓冲区，因此若要求一个缓冲区就能覆盖多个要素，需将多个要素先合并为同一图层的一个要素，再进行缓冲区建立。

建立缓冲区主要有以下两种方法：

（1）在已有的线或面图层中建立缓冲区线或面。

①打开要建立缓冲区的线或面图层，在菜单栏打开编辑器工具"自定义→工具条→编辑器"，而后点击编辑器，选择"开始编辑"；

②鼠标选中要生成缓冲区的线或面要素，而后点击编辑器，选择"缓冲区"，在弹出的缓冲区窗口中填入缓冲区大小（即沿既有路线或面边界外延多少米形成的线或面区域），而后点击确定，完成缓冲区建立；

③根据需求删去原有线或面，而后点击编辑器，依序选择"保存编辑内

容→停止编辑"保存生成的线或面缓冲区（也可先点击停止编辑，然后在弹出的是否保存编辑内容的确认窗口中确认保存）。

图 6.4.10 为缓冲区建立操作示意（一）。

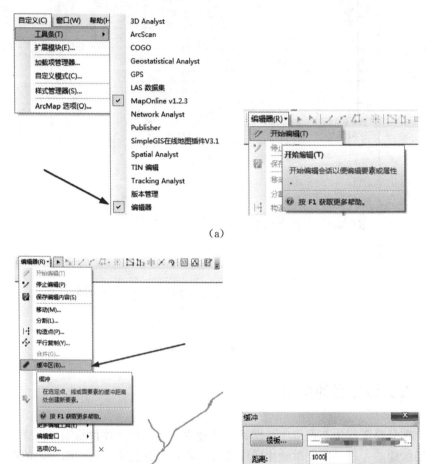

（a）

（b）

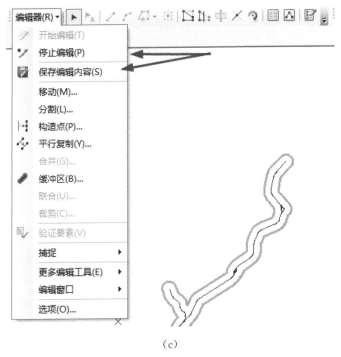

(c)

**图 6.4.10 缓冲区建立操作示意（一）**

（2）新建图层建立缓冲区面。

①在工具箱（ArcToolbox）中选择"工具箱—系统工具箱—Analysis Tools—领域分析—缓冲区"，双击打开；

②在工作目录中选择要建立缓冲区的线或面图层，拖入缓冲区窗口的"输入要素"栏，或在缓冲区窗口的"输入要素"栏选择已打开的、要建立缓冲区的线或面图层；

③在缓冲区窗口的"线性单位"栏中填入缓冲区大小（即沿既有路线或面边界外延多少米形成的线或面区域），在"侧类型"选择生成缓冲区的侧向（FULL 双侧、LEFT 左侧、RIGHT 右侧），在"末端类型"选择缓冲区末端的形状（ROUND 为圆形，即半圆形；FLAT 为平整或方形），而后点击确定，等待缓冲区图层生成；

④提示缓冲区建立已完成后，将自动打开导入当前 ArcMap 文档，也可打开缓冲区图层保存位置，手动将缓冲区图层打开查看。

图 6.4.11 为缓冲区建立操作示意（二）。

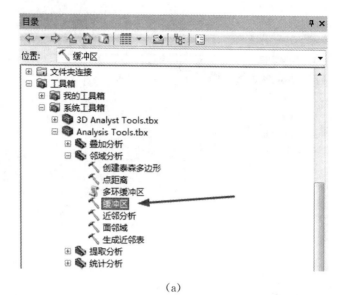

（a）

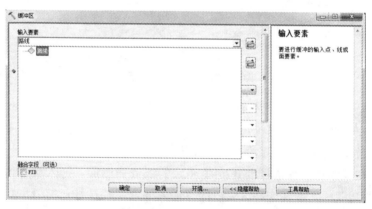

（b）

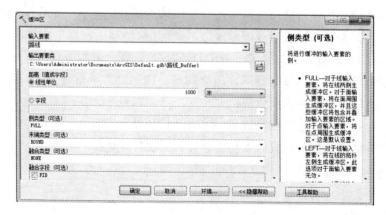

（c）

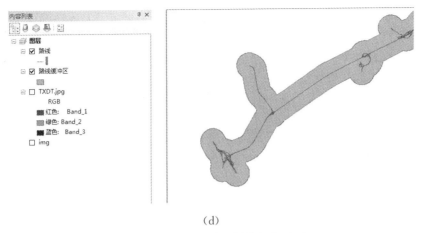

（d）

**图** 6.4.11　缓冲区建立操作示意（二）

## 六、矢量叠加分析

通俗来说，矢量叠加分析是指不同的点、线、面要素图层之间完全重合、部分重合、完全不重合关系的分析识别。在公路工程生态评价中其主要用于公路用地红线与生态敏感区、生态保护目标关系的分析（如相距多远、占用多大面积、穿越多大长度等）。

通过标准工具小图标或目录窗口打开工具箱（ArcToolbox），叠加工具可在工具箱（ArcToolbox）中选择"工具箱—系统工具箱—Analysis Tools（分析工具）—叠加分析"打开，包括标识、擦除、更新、交集取反、空间连接、联合、相交等工具，应根据需求选用，必要时也可组合使用。各叠加分析工具简要介绍如下：

（1）标识：计算输入要素和标识要素的几何交集。与标识要素重叠的输入要素或输入要素的一部分将获得这些标识要素的属性。

（2）擦除：通过将输入要素与擦除要素的多边形相叠加来创建要素类。只将输入要素处于擦除要素外部边界之外的部分复制到输出要素类。

（3）更新：计算输入要素和更新要素的几何交集。输入要素的属性和几何根据输出要素类中的更新要素来进行更新。

（4）交集取反：输入要素和更新要素中不叠置的要素或要素的各部分将被写入输出要素类。

（5）空间连接：根据空间关系将一个要素类的属性连接到另一个要素类的属性。目标要素和来自连接要素的被连接属性写入输出要素类。

（6）联合：计算输入要素的几何并集。将所有要素及其属性都写入输出要素类。

（7）相交：计算输入要素的几何交集。所有图层（要素类）中相叠置的要素或要素的各部分将被写入输出要素类。

图 6.4.12 为叠加分析工具操作和效果示意图。

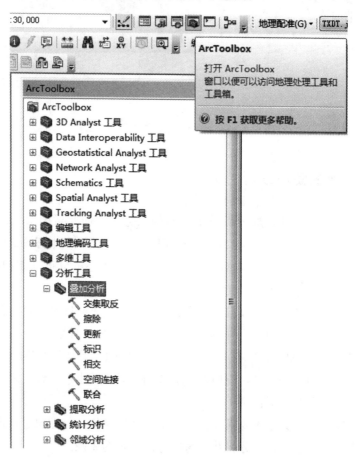

（a）

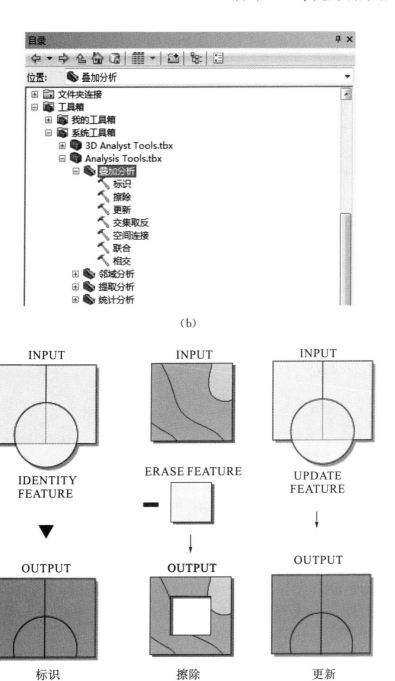

（b）

标识 擦除 更新

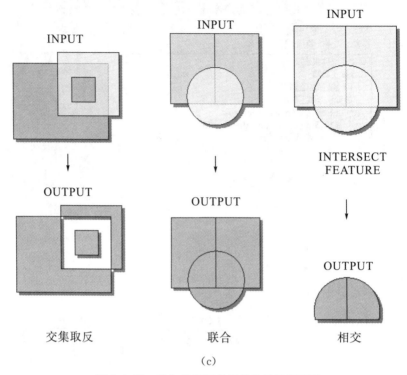

交集取反          联合          相交

(c)

**图 6.4.12　叠加分析工具操作和效果示意图**

## 七、成图整饬

ArcMap 提供地理数据视图和地图布局视图两种类型的地图视图。

在地理数据视图中，能对地理图层内的要素进行符号化显示、编辑和分析，数据视图是某一数据集在选定区域内的窗口化显示。在 ArcMap 成图前的所有操作都是在该视图下完成的。

在地图布局窗口中，可以设置地图的页面和处理地图上的元素（如比例尺、指北针、图例等）。制图过程一般是在数据视图中完成，打印和导出地图涉及地图整饬则是在布局视图中完成。

根据图件需求，可在菜单栏中选择"插入"，插入新数据框、图件标题、文字注释（文本、动态文本）、图例、指北针、比例尺、图片、格网等，图件最基本要素包括标题、图例、比例尺、指北针、格网五项（图6.4.13）。

图 6.4.13 在菜单栏插入地图要素示意图

（一）标题使用

点击菜单栏"插入"，选择插入标题，在弹出的"插入标题"对话框中输入标题名称，而后点击确定，在布局视图中即会生成标题文本，拖动标题文本至指定位置，双击标题（或右击，选择标题"属性"），在弹出的标题属性对话框中可以修改标题文本（字体、颜色、格式、符号等）、大小和位置（图 6.4.14）。

图 6.4.14 标题使用示意图

（二）图例使用

### 1. 图例向导快速浏览

点击菜单栏"插入"，选择插入图例，可以看到用于组成图例的地图图层的列表。在列出的任一图层图例中，可以移除图例中不需要包含的图层，也可根据需要对图层列表重新排序。重新排序并不会影响图层在内容列表中的顺序。在此向导面板中，还可设置图例中的列数。但是，此向导无法设定列的起始位置。创建完图例后，可以使用图例属性对话框的项目选项卡中的选项对图例进行修改，从而对列属性进行进一步优化（图 6.4.15）。

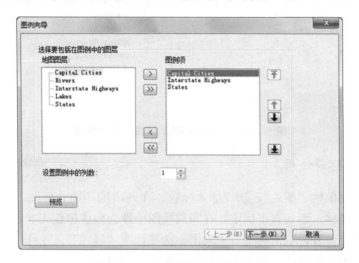

图 6.4.15　图例导向对话框（一）

点击下一步，可以在下一个面板中输入图例标题。在输入标题文本的同时，您还可以选择文本的颜色、大小、字体和对齐方式（图 6.4.16）。

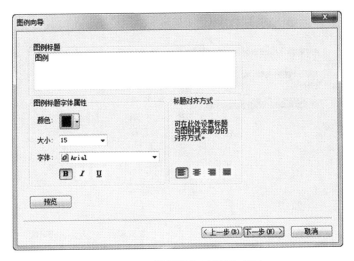

**图 6.4.16　图例导向对话框（二）**

　　点击下一步，在下一个面板中，可以自定义图例的边框、背景和下拉阴影（图 6.4.17）。

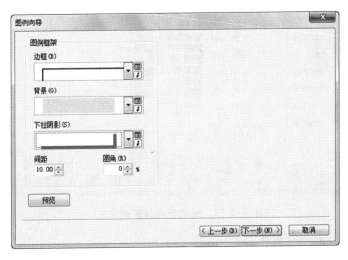

**图 6.4.17　图例导向对话框（三）**

　　下一个至最后一个面板均用于设置线和面符号的图面属性。在该面板中，可以为线或面要素的图面设置宽度、高度及形状。在最后一个面板中，可以指定两个图例元素之间的间距，单击每个间距输入框时，右侧图像中的间距指示器（红色）会进行调整，以显示将要调整间距的位置（图 6.4.18、图 6.4.19）。

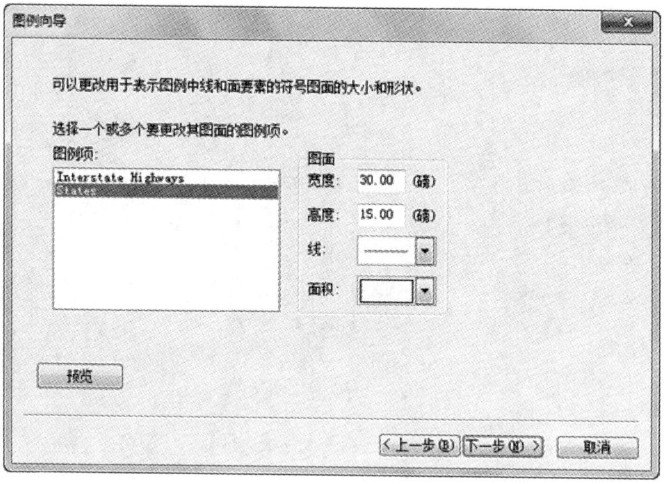

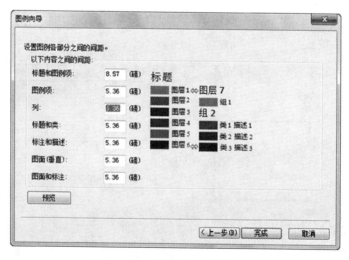

**图 6.4.18    图例导向对话框（四）**

**图 6.4.19    图例导向对话框（五）**

### 2. 图例中的透明度

如果在地图中具有透明度的图层，ArcMap 会在图例中模拟透明颜色。数据框中的图层设置为透明时，内容列表和布局视图中的图例自动使用更淡的颜色以反映透明度。

在数据框属性对话框的常规选项卡中设置在图例中模拟透明度的选项。打开此选项时，在图层上绘制的鲜红色面在图例中显示为浅红色或粉色，具体取决于应用于图层的透明度的百分比。但是，关闭模拟透明度选项时，由于图层是透明的，即使面在地图上不显示为红色，图例仍旧显示均一的红色面符号（图 6.4.20）。

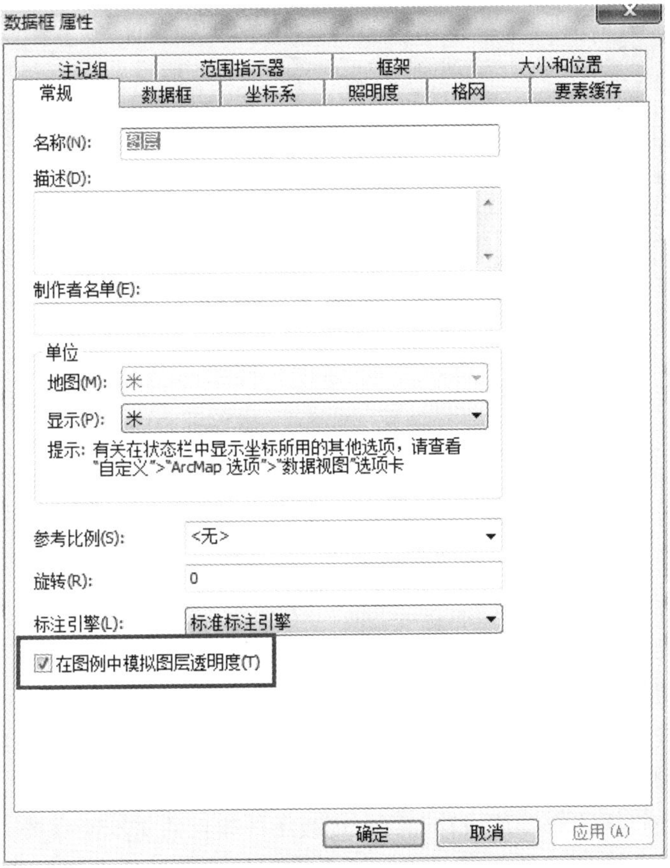

图 6.4.20　图例透明度设置对话框

　　此外，还可以将图例转换为图形并手动指定图例图面颜色。使用取色器工具可以获得像素的确切 RGB 值，并将该颜色用于图例图面。添加取色器到工具条：在菜单栏依次点击"自定义→自定义模式→命令→取色器"，单击取色器工具，拖拽到工具条上。拾取的色彩被记录或保存在样式文件中使用（图 6.4.21）。

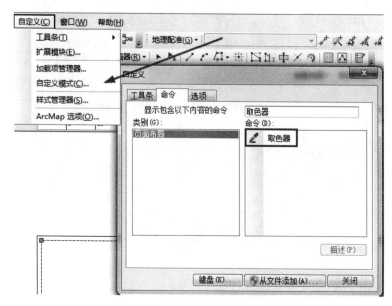

图 6.4.21　取色器工具添加示意图

## 3．修改图例属性

图例属性对话框包含五个选项卡：常规、项目、布局、框架、大小和位置。通过设置可以重新排序图例中的一个或多个图例项、图例标题的文字、符号系统和位置，更改图面属性、阅读方向，调整两个图例元素之间的间距，更改演示样式，添加或移除列，更改所选项目的文本符号系统，以及图例与地图建立连接时的交互行为，以及图例与当前地图范围的交互行为等（图 6.4.22）。

**图** 6.4.22 **图例属性框**

### 4. 将地图元素转换为图形

如果希望更精确地控制组成地图元素的各项，需将图例等地图元素转换为图形。而后进一步取消图例图形分组，即可单独编辑组成图例的单个元素（图面、文本等）。

要特别注意，一旦将地图元素转换为图形后，它不再连接到初始数据，且不会响应对地图进行的更改。以图例元素为例，如果在图例转换为图形后决定向地图添加另一图层，将不会自动更新图例，必须将该图例删除，并使用图例向导重新构建图例。因此，最好在地图的图层和符号系统完成后再将元素转换为图形。

图 6.4.23 为图例转换为图形示意。

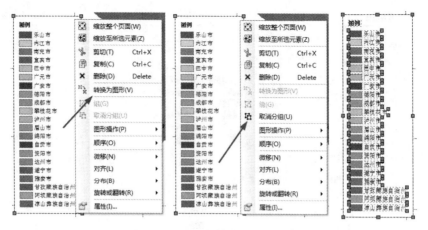

图 6.4.23　图例转换为图形示意

（三）比例尺使用

根据使用需求，点击菜单栏"插入"，选择插入比例尺或比例尺文本（图 6.4.24、图 6.4.25），在弹出的"比例尺（文本）选择器"中选择比例尺（文本）样式，而后点击"属性"，设置比例尺（文本）格式、单位、刻度等属性，而后依次点击"确定"完成布局视图中比例尺的插入。

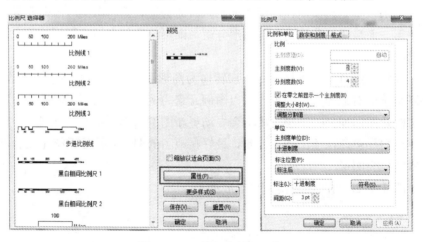

图 6.4.24　插入比例尺示意

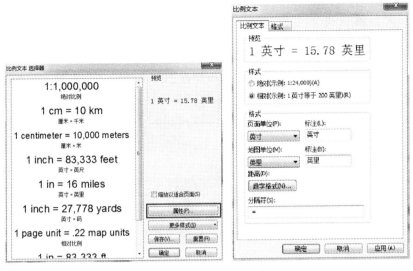

**图** 6.4.25 **插入比例尺文本示意**

双击比例尺（或右击，选择标题"属性"），在弹出的比例尺属性对话框中可以修改更多比例尺属性。

（四）指北针使用

点击菜单栏"插入"，选择插入指北针，在弹出的"指北针选择器"中选择指北针样式，而后点击"属性"，设置指北针角度、字体、颜色、符号等属性，而后依次点击"确定"完成布局视图中指北针的插入。双击指北针（或右击，选择标题"属性"），在弹出的指北针属性对话框中可以修改更多的指北针属性（图 6.4.26）。

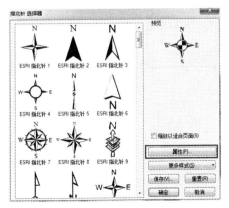

**图** 6.4.26 **插入指北针示意**

（五）格网设置

格网包括经纬网、方里格网、参考格网。在布局视图中右击数据框，依次点击"属性→格网→新建格网"，根据成图需求选择格网类型，以经纬网、方里格网（即公里网）最为常用。依序点击下一步，在后续对话框中设置格网外观、网线间隔、轴、标注、边框等属性，最后点击"完成"（图6.4.27）。

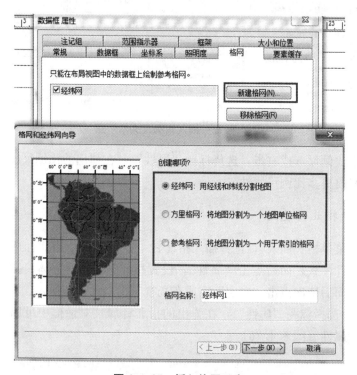

图 6.4.27 插入格网示意

格网建成后，在布局视图中右击数据框，依次点击"属性→格网"，进行更多的格网样式、属性修改。

## 八、专题图制作

专题图制作常规步骤如下：

（一）底图添加

专题图的底图可以是在线地图，也可以是离线地图。在线地图的添加如本章第四节"一、在线地图（底图）的获取"所介绍。离线地图的添加除前文介绍的通过地图下载器下载离线地图，然后再在 ArcMap 中打开外，主要为测绘部门、国土部门、规划部门、林草部门等提供的各类行政区划图、地形图、规划图、现状图。

所获取的底图如果是矢量文件（含矢量栅格），一般可在 ArcMap 中直接使用，少数情况需重新定义或转换坐标系；若获取的地图为 jpg、png、tif、pdf 等图片栅格，则需经地理配准，方可作为专题图底图，详见本章第四节"二、栅格数据地理配准"。

（二）创建矢量要素

（1）通过新建 .shp 图层或新建文件地理数据库的方式，创建点、线、面等要素图层。一般地名、分布点、标注等创建为点要素，各类路线、边界、小型水系等创建为线要素，行政区、占地范围、大江大河、湖库等创建为面要素。详见本章第四节"四、矢量要素图层的建立"。

（2）创建要素图层后，在内容列表中依次选中各图层，右击选择"打开属性表"，单击弹出的对话框左上方的"表选项"图标，选择"添加字段"，根据需求添加字段（数值型为短整型、长整型、浮点型、双精度型）（图 6.4.28）。

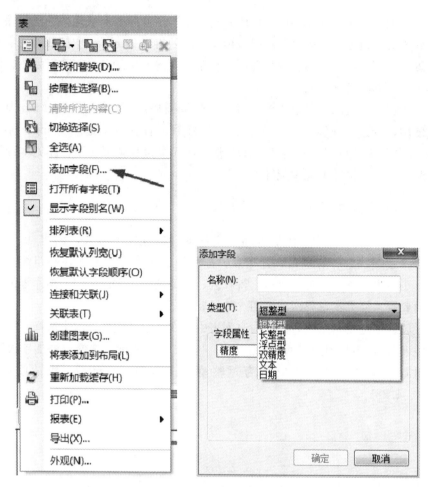

图 6.4.28　图层添加字段示意图

（3）在数据视图页面编辑各要素图层，基于底图在各图层中创建要素，并赋予要素属性，编辑完成后保存编辑内容。详见本章第四节"四、矢量要素图层的建立"。

（4）具有规律性、关联性的部分矢量要素图层需在矢量要素创建完成后，通过工具箱（ArcToolbox）中的叠加分析、领域分析、提取分析等工具处理获取。详见本章第四节"五、缓冲区的建立""六、矢量叠加分析"。

（三）符号选择器设置

在内容列表中，单击各要素图层的符号，在弹出的"符号选择器"对话框中设置各要素图层的符号类型、颜色、轮廓、大小等属性（图 6.4.29）。

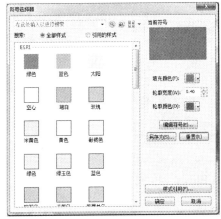

图 6.4.29　符号选择器设置示意图

## （四）页面设置

点击菜单栏"文件→页面和打印设置"，在页面和打印设置窗口中设置纸张大小、方向，以及地图页面大小、方向等页面和打印属性（图 6.4.30）。

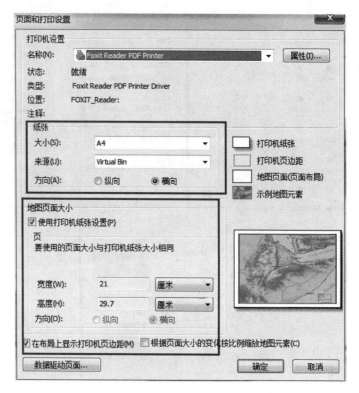

图 6.4.30　页面和打印设置示意图

（五）成图整饬

在布局视图页面，添加标题、比例尺、指北针、图例、格网等要素，进行成图整饬。详见本章第四节"七、成图整饬"。

（六）导出图层

点击菜单栏"文件→导出地图"，在导出地图窗口中设置导出地图的文件名、保存类型、分辨率、颜色模式、背景色、质量等属性，而后点击"保存"，完成专题图导出（图 6.4.31）。

图 6.4.31　地图导出示意图

# 参考文献

[1] 李林军. 公路工程 [M]. 成都：西南交通大学出版社，2006.

[2] 裴玉龙. 公路网规划 [M]. 2 版. 北京：人民交通出版社，2011.

[3] 李博，杨持，林鹏. 生态学 [M]. 北京：高等教育出版社，2000.

[4] 吴相钰，陈守良，葛明德. 陈阅增普通生物学 [M]. 4 版. 北京：高等教育出版社，2014.

[5] 生态环境部环境工程评估中心. 环境影响评价技术导则与标准 [M]. 北京：中国环境出版社，2020.

[6] 生态环境部环境工程评估中心. 环境影响评价技术方法 [M]. 北京：中国环境出版社，2020.

[7] 生态环境部环境工程评估中心. 环境影响评价相关法律法规 [M]. 北京：中国环境出版社，2020.

[8] 陆健健，何文姗，童春富，等. 湿地生态学 [M]. 北京：高等教育出版社，2006.

[9] 欧阳志云，徐卫华，肖燚，等. 中国生态系统格局、质量、服务与演变 [M]. 北京：科学出版社，2017.

[10] 郑海峰，管东生. 公路建设的主要生态影响 [J]. 生态学杂志，2005，24 (12)：1520−1524.

[11] 陈明. 高速公路建设项目前期工作程序及实践分析 [J]. 公路工程，2009，34 (4)：164−168.

[12] 四川省林业厅. 四川省第四次大熊猫调查报告 [M]. 成都：四川科学技术出版社，2015.

[13] 范庭兴. 高速公路对大熊猫栖息地的影响及保护措施 [J]. 公路，2020，65 (1)：265−274.

[14] 范庭兴. 公路工程对水生动物自然保护地的影响及保护措施 [J]. 公路，2021，66 (12)：372−380.

[15] 王海红. 生态敏感区公路建设中生物资源保护对策 [J]. 公路，2015，60 (1)：120−123.

[16] 李松真，吴小萍，蒋成海. 公路建设工程环境监理执行效果评价研究 [J]. 公路，2007 (11)：152−157.

[17] 成文连，刘玉虹，关彩虹，等. 生态影响评价范围探讨 [J]. 环境科学与管理，

2010，35（12）：185－189.

[18] 余海龙，顾卫，卜崇峰. 环境价值在高速公路建设方案选择中的应用研究［J］. 公路交通科技，2009，26（7）：153－158.

[19] 郑纯宇，张乾，李冬雪，等. 我国道路工程湿地生态影响评价——以东北地区公路项目为例［J］. 公路交通科技，2017，34（9）：153－158.

[20] 徐霞，殷承启. 线性工程无害化穿越生态红线措施研究［J］. 环境科学与管理，2020，45（5）：94－97.

[21] 冯雨昊. 高速公路建设对水环境敏感区的环境影响和保护对策［J］. 湖南交通科技，2014，40（4）：59－62.

[22] 高硕晗，陶双成，简丽，等. 生态保护红线制度下我国公路生态保护存在的问题与对策［J］. 环境科学与管理，2020，6（4）：2－8.

[23] 环境保护部环境工程评估中心. 环境影响评价技术导则与标准［M］. 北京：中国环境出版社，2018.

[24] 梁艳. 公路桥梁建设对鱼类自然保护区的影响及措施分析［J］. 西部交通科技，2020（10）：192－195.

[25] 邓庆伟，吴迪，王克雄. 鄱阳湖特大桥工程对长江江豚的影响评价［J］. 中国公路，2016（3）：142－143.

[26] 唐晟凯，张彤晴，李大命，等. 泰州长江大桥建设对周围水域鱼类资源的影响［J］. 水生态学杂志，2012，33（6）：96－102.

[27] 聂丽娜. 沱江四桥建设对长江上游国家级自然保护区鱼类资源的影响及保护措施［J］. 环境影响评价，2017，39（5）：48－52.

[28] 刘龙. 习赤旅游公路建设对珍稀鱼类保护区的影响及保护措施分析［J］. 环境影响评价，2016，38（6）：49－52.

[29] 王志勇. 高速公路工程建设对自然保护区的影响及对策研究［J］. 中国水运，2014，14（4）：131－133.

[30] 曹广华，李元，张俊峰. 桥梁建设对水产种质资源保护区的生态环境影响研究［J］. 吉林农业，2014（12）：88－89.